贝克通识文库

李雪涛　主编

天才

如何鉴别、理解与培养

弗兰齐斯·普雷克尔
塔尼亚·加布里埃勒·鲍德森 著

杨文革 译

北京出版集团
北京出版社

著作权合同登记记号：图字 01-2021-7323
HOCHBEGABUNG by Franzis Preckel/Tanja Gabriele Baudson © Verlag C.H.Beck oHG, München 2013.

图书在版编目（CIP）数据

天才：如何鉴别、理解与培养/（德）弗兰齐斯·普雷克尔，（德）塔尼亚·加布里埃勒·鲍德森著；杨文革译. — 北京：北京出版社，2024.8
ISBN 978-7-200-17327-7

Ⅰ. ①天… Ⅱ. ①弗… ②塔… ③杨… Ⅲ. ①天才 Ⅳ. ①B848.2

中国版本图书馆 CIP 数据核字（2022）第 134404 号

总策划：高立志　王忠波	选题策划：王忠波
责任编辑：邓雪梅	责任营销：猫　娘
责任印制：燕雨萌	装帧设计：吉　辰

天才
如何鉴别、理解与培养
TIANCAI
［德］弗兰齐斯·普雷克尔　［德］塔尼亚·加布里埃勒·鲍德森　著
杨文革　译

出　　版	北京出版集团
	北京出版社
地　　址	北京北三环中路6号
邮　　编	100120
网　　址	www.bph.com.cn
发　　行	北京伦洋图书出版有限公司
印　　刷	北京汇瑞嘉合文化发展有限公司
经　　销	新华书店
开　　本	880毫米×1230毫米　1/32
印　　张	5.625
字　　数	116千字
版　　次	2024年8月第1版
印　　次	2024年8月第1次印刷
书　　号	ISBN 978-7-200-17327-7
定　　价	49.00元

如有印装质量问题，由本社负责调换
质量监督电话　010-58572393

接续启蒙运动的知识传统
——"贝克通识文库"中文版序

一

我们今天与知识的关系,实际上深植于17—18世纪的启蒙时代。伊曼努尔·康德(Immanuel Kant,1724—1804)于1784年为普通读者写过一篇著名的文章《对这个问题的答复:什么是启蒙?》(*Beantwortung der Frage: Was ist Aufklärung?*),解释了他之所以赋予这个时代以"启蒙"(Aufklärung)的含义:启蒙运动就是人类走出他的未成年状态。不是因为缺乏智力,而是缺乏离开别人的引导去使用智力的决心和勇气!他借用了古典拉丁文学黄金时代的诗人贺拉斯(Horatius,前65—前8)的一句话:Sapere aude!呼吁人们要敢于去认识,要有勇气运用自己的智力。[1]启蒙运动者相信由理性发展而来的知识可

---

[1] Cf. Immanuel Kant, *Beantwortung der Frage: Was ist Aufklärung?* In: *Berlinische Monatsschrift*, Bd. 4, 1784, Zwölftes Stück, S. 481–494. Hier S. 481. 中文译文另有:(1)"答复这个问题:'什么是启蒙运动?'"见康德著,何兆武译:《历史理性批判文集》,商务印书馆1990年版(2020年第11次印刷本,上面有2004年写的"再版译序"),第23—32页。(2)"回答这个问题:什么是启蒙?"见康德著,李秋零主编:《康德著作全集》(第8卷·1781年之后的论文),中国人民大学出版社2013年版,第39—46页。

以解决人类存在的基本问题，人类历史从此开启了在知识上的启蒙，并进入了现代的发展历程。

启蒙思想家们认为，从理性发展而来的科学和艺术的知识，可以改进人类的生活。文艺复兴以来的人文主义、新教改革、新的宇宙观以及科学的方法，也使得17世纪的思想家相信建立在理性基础之上的普遍原则，从而产生了包含自由与平等概念的世界观。以理性、推理和实验为主的方法不仅在科学和数学领域取得了令人瞩目的成就，也催生了在宇宙论、哲学和神学上运用各种逻辑归纳法和演绎法产生出的新理论。约翰·洛克（John Locke，1632—1704）奠定了现代科学认识论的基础，认为经验以及对经验的反省乃是知识进步的来源；伏尔泰（Voltaire，1694—1778）发展了自然神论，主张宗教宽容，提倡尊重人权；康德则在笛卡尔理性主义和培根的经验主义基础之上，将理性哲学区分为纯粹理性与实践理性。至18世纪后期，以德尼·狄德罗（Denis Diderot，1713—1784）、让-雅克·卢梭（Jean-Jacques Rousseau，1712—1778）等人为代表的百科全书派的哲学家，开始致力于编纂《百科全书》（*Encyclopédie*）——人类历史上第一部致力于科学、艺术的现代意义上的综合性百科全书，其条目并非只是"客观"地介绍各种知识，而是在介绍知识的同时，夹叙夹议，议论时政，这些特征正体现了启蒙时代的现代性思维。第一卷开始时有一幅人类知识领域的示意图，这也是第一次从现代科学意义上对所有人类知识进行分类。

实际上，今天的知识体系在很大程度上可以追溯到启蒙时代以实证的方式对以往理性知识的系统性整理，而其中最重要的突破包括：卡尔·冯·林奈（Carl von Linné，1707—1778）的动植物分类及命名系统、安托万·洛朗·拉瓦锡（Antoine-Laurent Lavoisier，1743—1794）的化学系统以及测量系统。[1] 这些现代科学的分类方法、新发现以及度量方式对其他领域也产生了决定性的影响，并发展出一直延续到今天的各种现代方法，同时为后来的民主化和工业化打下了基础。启蒙运动在18世纪影响了哲学和社会生活的各个知识领域，在哲学、科学、政治、以现代印刷术为主的传媒、医学、伦理学、政治经济学、历史学等领域都有新的突破。如果我们看一下19世纪人类在各个方面的发展的话，知识分类、工业化、科技、医学等，也都与启蒙时代的知识建构相关。[2]

由于启蒙思想家们的理想是建立一个以理性为基础的社会，提出以政治自由对抗专制暴君，以信仰自由对抗宗教压迫，以天赋人权来反对君权神授，以法律面前人人平等来反对贵族的等级特权，因此他们采用各民族国家的口语而非书面的拉丁语进行沟通，形成了以现代欧洲语言为主的知识圈，并创

---

[1] Daniel R. Headrick, *When Information Came of Age: Technologies of Knowledge in the Age of Reason and Revolution, 1700-1850*. Oxford University Press, 2000, p. 246.

[2] Cf. Jürgen Osterhammel, *Die Verwandlung der Welt: Eine Geschichte des 19. Jahrhunderts*. München: Beck, 2009.

造了一个空前的多语欧洲印刷市场。[1]后来《百科全书》开始发行更便宜的版本,除了知识精英之外,普通人也能够获得。历史学家估计,在法国大革命前,就有两万多册《百科全书》在法国及欧洲其他地区流传,它们成为向大众群体进行启蒙及科学教育的媒介。[2]

从知识论上来讲,17世纪以来科学革命的结果使得新的知识体系逐渐取代了传统的亚里士多德的自然哲学以及克劳迪亚斯·盖仑(Claudius Galen,约129—200)的体液学说(Humorism),之前具有相当权威的炼金术和占星术自此失去了权威。到了18世纪,医学已经发展为相对独立的学科,并且逐渐脱离了与基督教的联系:"在(当时的)三位外科医生中,就有两位是无神论者。"[3]在地图学方面,库克(James Cook,1728—1779)船长带领船员成为首批登陆澳大利亚东岸和夏威夷群岛的欧洲人,并绘制了有精确经纬度的地图,他以艾萨克·牛顿(Isaac Newton,1643—1727)的宇宙观改变了地理制图工艺及方法,使人们开始以科学而非神话来看待地理。这一时代除了用各式数学投影方法制作的精确地图外,制

---

[1] Cf. Jonathan I. Israel, *Radical Enlightenment: Philosophy and the Making of Modernity 1650-1750.* Oxford University Press, 2001, p. 832.

[2] Cf. Robert Darnton, *The Business of Enlightenment: A Publishing History of the Encyclopédie, 1775-1800.* Harvard University Press, 1979, p. 6.

[3] Ole Peter Grell, Dr. Andrew Cunningham, *Medicine and Religion in Enlightenment Europe.* Ashgate Publishing, Ltd., 2007, p. 111.

图学也被应用到了天文学方面。

正是借助于包括《百科全书》、公共图书馆、期刊等传播媒介，启蒙知识得到了迅速的传播，同时也塑造了现代学术的形态以及机构的建制。有意思的是，自启蒙时代出现的现代知识从开始阶段就是以多语的形态展现的：以法语为主，包括了荷兰语、英语、德语、意大利语等，它们共同构成了一个跨越国界的知识社群——文人共和国（Respublica Literaria）。

当代人对于知识的认识依然受启蒙运动的很大影响，例如多语种读者可以参与互动的维基百科（Wikipedia）就是从启蒙的理念而来："我们今天所知的《百科全书》受到18世纪欧洲启蒙运动的强烈影响。维基百科拥有这些根源，其中包括了解和记录世界所有领域的理性动力。"[1]

二

1582年耶稣会传教士利玛窦（Matteo Ricci，1552—1610）来华，标志着明末清初中国第一次规模性地译介西方信仰和科学知识的开始。利玛窦及其修会的其他传教士入华之际，正值欧洲文艺复兴如火如荼进行之时，尽管囿于当时天主教会的意

---

[1] Cf. Phoebe Ayers, Charles Matthews, Ben Yates, *How Wikipedia Works: And How You Can Be a Part of It.* No Starch Press, 2008, p. 35.

识形态，但他们所处的时代与中世纪迥然不同。除了神学知识外，他们译介了天文历算、舆地、水利、火器等原理。利玛窦与徐光启（1562—1633）共同翻译的《几何原本》前六卷有关平面几何的内容，使用的底本是利玛窦在罗马的德国老师克劳（Christopher Klau/Clavius，1538—1612，由于他的德文名字Klau是钉子的意思，故利玛窦称他为"丁先生"）编纂的十五卷本。[1]克劳是活跃于16—17世纪的天主教耶稣会士，其在数学、天文学等领域建树非凡，并影响了包括伽利略、笛卡尔、莱布尼茨等科学家。曾经跟随伽利略学习过物理学的耶稣会士邓玉函 [Johann(es) Schreck/Terrenz or Terrentius，1576—1630] 在赴中国之前，与当时在欧洲停留的金尼阁（Nicolas Trigault，1577—1628）一道，"收集到不下七百五十七本有关神学的和科学技术的著作；罗马教皇自己也为今天在北京还很著名、当年是耶稣会士图书馆的'北堂'捐助了大部分的书籍"。[2]其后邓玉函在给伽利略的通信中还不断向其讨教精确计算日食和月食的方法，此外还与中国学者王徵（1571—1644）合作翻译《奇器图说》(1627)，并且在医学方面也取得了相当大的成就。邓玉函曾提出过一项规模很大的有关数学、几何

---

[1] *Euclides Elementorum Libri XV*, Rom 1574.
[2] 蔡特尔著，孙静远译：《邓玉函，一位德国科学家、传教士》，载《国际汉学》，2012年第1期，第38—87页，此处见第50页。

学、水力学、音乐、光学和天文学（1629）的技术翻译计划，[1]由于他的早逝，这一宏大的计划没能得以实现。

在明末清初的一百四十年间，来华的天主教传教士有五百人左右，他们当中有数学家、天文学家、地理学家、内外科医生、音乐家、画家、钟表机械专家、珐琅专家、建筑专家。这一时段由他们译成中文的书籍多达四百余种，涉及的学科有宗教、哲学、心理学、论理学、政治、军事、法律、教育、历史、地理、数学、天文学、测量学、力学、光学、生物学、医学、药学、农学、工艺技术等。[2]这一阶段由耶稣会士主导的有关信仰和科学知识的译介活动，主要涉及中世纪至文艺复兴时期的知识，也包括文艺复兴以后重视经验科学的一些近代科学和技术。

尽管耶稣会的传教士们在17—18世纪的时候已经向中国的知识精英介绍了欧几里得几何学和牛顿物理学的一些基本知识，但直到19世纪50—60年代，才在伦敦会传教士伟烈亚力（Alexander Wylie，1815—1887）和中国数学家李善兰（1811—1882）的共同努力下补译完成了《几何原本》的后九卷；同样是李善兰、傅兰雅（John Fryer，1839—1928）和伟烈亚力将牛

---

[1] 蔡特尔著，孙静远译：《邓玉函，一位德国科学家、传教士》，载《国际汉学》，2012年第1期，第58页。
[2] 张晓著：《近代汉译西学书目提要：明末至1919》，北京大学出版社2012年版，"导论"第6、7页。

顿的《自然哲学的数学原理》(*Philosophiae Naturalis Principia Mathematica*, 1687) 第一编共十四章译成了汉语——《奈端数理》(1858—1860)。[1] 正是在这一时期, 新教传教士与中国学者密切合作开展了大规模的翻译项目, 将西方大量的教科书——启蒙运动以后重新系统化、通俗化的知识——翻译成了中文。

1862年清政府采纳了时任总理衙门首席大臣奕䜣（1833—1898）的建议, 创办了京师同文馆, 这是中国近代第一所外语学校。开馆时只有英文馆, 后增设了法文、俄文、德文、东文诸馆, 其他课程还包括化学、物理、万国公法、医学生理等。1866年, 又增设了天文、算学课程。后来清政府又仿照同文馆之例, 在与外国人交往较多的上海设立上海广方言馆, 广州设立广州同文馆。曾大力倡导"中学为体, 西学为用"的洋务派主要代表人物张之洞（1837—1909）认为, 作为"用"的西学有西政、西艺和西史三个方面, 其中西艺包括算、绘、矿、医、声、光、化、电等自然科学技术。

根据《近代汉译西学书目提要: 明末至1919》的统计, 从明末到1919年的总书目为五千一百七十九种, 如果将四百余种明末到清初的译书排除, 那么晚清至1919年之前就有四千七百多种汉译西学著作出版。梁启超（1873—1929）在

---

[1] 1882年, 李善兰将译稿交由华蘅芳校订至1897年, 译稿后遗失。万兆元、何琼辉:《牛顿〈原理〉在中国的译介与传播》, 载《中国科技史杂志》第40卷, 2019年第1期, 第51—65页, 此处见第54页。

1896年刊印的三卷本《西学书目表》中指出："国家欲自强，以多译西书为本；学者欲自立，以多读西书为功。"[1]书中收录鸦片战争后至1896年间的译著三百四十一种，梁启超希望通过《读西学书法》向读者展示西方近代以来的知识体系。

不论是在精神上，还是在知识上，中国近代都没有继承好启蒙时代的遗产。启蒙运动提出要高举理性的旗帜，认为世间的一切都必须在理性法庭面前接受审判，不仅倡导个人要独立思考，也主张社会应当以理性作为判断是非的标准。它涉及宗教信仰、自然科学理论、社会制度、国家体制、道德体系、文化思想、文学艺术作品理论与思想倾向等。从知识论上来讲，从1860年至1919年五四运动爆发，受西方启蒙的各种自然科学知识被系统地介绍到了中国。大致说来，这些是14—18世纪科学革命和启蒙运动时期的社会科学和自然科学的知识。在社会科学方面包括了政治学、语言学、经济学、心理学、社会学、人类学等学科，而在自然科学方面则包含了物理学、化学、地质学、天文学、生物学、医学、遗传学、生态学等学科。按照胡适（1891—1962）的观点，新文化运动和五四运动应当分别来看待：前者重点在白话文、文学革命、西化与反传统，是一场类似文艺复兴的思想与文化的革命，而后者主要是

---

[1] 梁启超：《西学书目表·序例》，收入《饮冰室合集》，中华书局1989年版，第123页。

一场政治革命。根据王锦民的观点,"新文化运动很有文艺复兴那种热情的、进步的色彩;而接下来的启蒙思想的冷静、理性和批判精神,新文化运动中也有,但是发育得不充分,且几乎被前者遮蔽了"。[1]五四运动以来,中国接受了尼采等人的学说。"在某种意义上说,近代欧洲启蒙运动的思想成果,理性、自由、平等、人权、民主和法制,正是后来的'新'思潮力图摧毁的对象"。[2]近代以来,中华民族的确常常遭遇生死存亡的危局,启蒙自然会受到充满革命热情的救亡的排挤,而需要以冷静的理性态度来对待的普遍知识,以及个人的独立人格和自由不再有人予以关注。因此,近代以来我们并没有接受一个正常的、完整的启蒙思想,我们一直以来所拥有的仅仅是一个"半启蒙状态"。今天我们重又生活在一个思想转型和社会巨变的历史时期,迫切需要全面地引进和接受一百多年来的现代知识,并在思想观念上予以重新认识。

1919年新文化运动的时候,我们还区分不了文艺复兴和启蒙时代的思想,但日本的情况则完全不同。日本近代以来对"南蛮文化"的摄取,基本上是欧洲中世纪至文艺复兴时期的"西学",而从明治维新以来对欧美文化的摄取,则是启蒙

---

[1] 王锦民:《新文化运动百年随想录》,见李雪涛等编《合璧西中——庆祝顾彬教授七十寿辰文集》,外语教学与研究出版社2016年版,第282—295页,此处见第291页。

[2] 同上。

时代以来的西方思想。特别是在第二个阶段,他们做得非常彻底。[1]

三

罗素在《西方哲学史》的"绪论"中写道:"一切确切的知识——我是这样主张的——都属于科学,一切涉及超乎确切知识之外的教条都属于神学。但是介乎神学与科学之间还有一片受到双方攻击的无人之域;这片无人之域就是哲学。"[2]康德认为,"只有那些其确定性是无可置疑的科学才能成为本真意义上的科学;那些包含经验确定性的认识(Erkenntnis),只是非本真意义上所谓的知识(Wissen),因此,系统化的知识作为一个整体可以称为科学(Wissenschaft),如果这个系统中的知识存在因果关系,甚至可以称之为理性科学(Rationale Wissenschaft)"。[3]在德文中,科学是一种系统性的知识体系,是对严格的确定性知识的追求,是通过批判、质疑乃至论证而对知识的内在固有理路即理性世界的探索过程。科学方法有别

---

[1] 家永三郎著,靳丛林等译:《外来文化摄取史论》,大象出版社2017年版。
[2] 罗素著,何兆武、李约瑟译:《西方哲学史》(上卷),商务印书馆1963年版,第11页。
[3] Immanuel Kant, *Metaphysische Anfangsgründe der Naturwissenschaft.* Riga: bey Johann Friedrich Hartknoch, 1786. S. V-VI.

于较为空泛的哲学,它既要有客观性,也要有完整的资料文件以供佐证,同时还要由第三者小心检视,并且确认该方法能重制。因此,按照罗素的说法,人类知识的整体应当包括科学、神学和哲学。

在欧洲,"现代知识社会"(Moderne Wissensgesellschaft)的形成大概从近代早期一直持续到了1820年。[1] 之后便是知识的传播、制度化以及普及的过程。与此同时,学习和传播知识的现代制度也建立起来了,主要包括研究型大学、实验室和人文学科的研讨班(Seminar)。新的学科名称如生物学(Biologie)、物理学(Physik)也是在1800年才开始使用;1834年创造的词汇"科学家"(Scientist)使之成为一个自主的类型,而"学者"(Gelehrte)和"知识分子"(Intellekturlle)也是19世纪新创的词汇。[2] 现代知识以及自然科学与技术在形成的过程中,不断通过译介的方式流向欧洲以外的世界,在诸多非欧洲的区域为知识精英所认可、接受。今天,历史学家希望运用全球史的方法,祛除欧洲中心主义的知识史,从而建立全球知识史。

本学期我跟我的博士生们一起阅读费尔南·布罗代尔

---

[1] Cf. Richard van Dülmen, Sina Rauschenbach (Hg.), *Macht des Wissens: Die Entstehung der Modernen Wissensgesellschaft.* Köln: Böhlau Verlag, 2004.

[2] Cf. Jürgen Osterhammel, *Die Verwandlung der Welt: Eine Geschichte des 19. Jahrhunderts.* München: Beck, 2009. S. 1106.

(Fernand Braudel, 1902—1985) 的《地中海与菲利普二世时代的地中海世界》(*La Méditerranée et le Monde méditerranéen à l'époque de Philippe II*, 1949) 一书。[1] 在"边界：更大范围的地中海"一章中，布罗代尔并不认同一般地理学家以油橄榄树和棕榈树作为地中海的边界的看法，他指出地中海的历史就像是一个磁场，吸引着南部的北非撒哈拉沙漠、北部的欧洲以及西部的大西洋。在布罗代尔看来，距离不再是一种障碍，边界也成为相互连接的媒介。[2]

发源于欧洲文艺复兴时代末期，并一直持续到18世纪末的科学革命，直接促成了启蒙运动的出现，影响了欧洲乃至全世界。但科学革命通过学科分类也影响了人们对世界的整体认识，人类知识原本是一个复杂系统。按照法国哲学家埃德加·莫兰 (Edgar Morin, 1921—) 的看法，我们的知识是分离的、被肢解的、箱格化的，而全球纪元要求我们把任何事情都定位于全球的背景和复杂性之中。莫兰引用布莱兹·帕斯卡 (Blaise Pascal, 1623—1662) 的观点："任何事物都既是结果又是原因，既受到作用又施加作用，既是通过中介而存在又是直接存在的。所有事物，包括相距最遥远的和最不相同的事物，都被一种自然的和难以觉察的联系维系着。我认为不认识

---

[1] 布罗代尔著，唐家龙、曾培耿、吴模信等译：《地中海与菲利普二世时代的地中海世界》(全二卷)，商务印书馆2013年版。

[2] 同上书，第245—342页。

整体就不可能认识部分,同样地,不特别地认识各个部分也不可能认识整体。"[1]莫兰认为,一种恰切的认识应当重视复杂性(complexus)——意味着交织在一起的东西:复杂的统一体如同人类和社会都是多维度的,因此人类同时是生物的、心理的、社会的、感情的、理性的;社会包含着历史的、经济的、社会的、宗教的等方面。他举例说明,经济学领域是在数学上最先进的社会科学,但从社会和人类的角度来说它有时是最落后的科学,因为它抽去了与经济活动密不可分的社会、历史、政治、心理、生态的条件。[2]

四

贝克出版社(C. H. Beck Verlag)至今依然是一家家族产业。1763年9月9日卡尔·戈特洛布·贝克(Carl Gottlob Beck,1733—1802)在距离慕尼黑100多公里的讷德林根(Nördlingen)创立了一家出版社,并以他儿子卡尔·海因里希·贝克(Carl Heinrich Beck,1767—1834)的名字来命名。在启蒙运动的影响下,戈特洛布出版了讷德林根的第一份报纸与关于医学和自然史、经济学和教育学以及宗教教育

---

[1] 转引自莫兰著,陈一壮译:《复杂性理论与教育问题》,北京大学出版社2004年版,第26页。
[2] 同上书,第30页。

的文献汇编。在第三代家族成员奥斯卡·贝克（Oscar Beck, 1850—1924）的带领下，出版社于1889年迁往慕尼黑施瓦宾（München-Schwabing），成功地实现了扩张，其总部至今仍设在那里。在19世纪，贝克出版社出版了大量的神学文献，但后来逐渐将自己的出版范围限定在古典学研究、文学、历史和法律等学术领域。此外，出版社一直有一个文学计划。在第一次世界大战期间的1917年，贝克出版社独具慧眼地出版了瓦尔特·弗莱克斯（Walter Flex, 1887—1917）的小说《两个世界之间的漫游者》（*Der Wanderer zwischen beiden Welten*），这是魏玛共和国时期的一本畅销书，总印数达一百万册之多，也是20世纪最畅销的德语作品之一。[1] 目前出版社依然由贝克家族的第六代和第七代成员掌管。2013年，贝克出版社庆祝了其

---

[1] 第二次世界大战后，德国汉学家福兰阁（Otto Franke, 1863—1946）出版《两个世界的回忆——一个人生命的旁白》（*Erinnerungen aus zwei Welten: Randglossen zur eigenen Lebensgeschichte.* Berlin: De Gruyter, 1954.）。作者在1945年的前言中解释了他所认为的"两个世界"有三层含义：第一，作为空间上的西方和东方的世界；第二，作为时间上的19世纪末和20世纪初的德意志工业化和世界政策的开端，与20世纪的世界；第三，作为精神上的福兰阁在外交实践活动和学术生涯的世界。这本书的书名显然受到《两个世界之间的漫游者》的启发。弗莱克斯的这部书是献给1915年阵亡的好友恩斯特·沃切（Ernst Wurche）的；他是"我们德意志战争志愿军和前线军官的理想，也是同样接近两个世界：大地和天空、生命和死亡的新人和人类向导"。（Wolfgang von Einsiedel, Gert Woerner, *Kindlers Literatur Lexikon*, Band 7, Kindler Verlag, München 1972.）见福兰阁的回忆录中文译本，福兰阁著，欧阳甦译：《两个世界的回忆——一个人生命的旁白》，社会科学文献出版社2014年版。

成立二百五十周年。

1995年开始,出版社开始策划出版"贝克通识文库"(C.H.Beck Wissen),这是"贝克丛书系列"(Beck'schen Reihe)中的一个子系列,旨在为人文和自然科学最重要领域提供可靠的知识和信息。由于每一本书的篇幅不大——大部分都在一百二十页左右,内容上要做到言简意赅,这对作者提出了更高的要求。"贝克通识文库"的作者大都是其所在领域的专家,而又是真正能做到"深入浅出"的学者。"贝克通识文库"的主题包括传记、历史、文学与语言、医学与心理学、音乐、自然与技术、哲学、宗教与艺术。到目前为止,"贝克通识文库"已经出版了五百多种书籍,总发行量超过了五百万册。其中有些书已经是第8版或第9版了。新版本大都经过了重新修订或扩充。这些百余页的小册子,成为大学,乃至中学重要的参考书。由于这套丛书的编纂开始于20世纪90年代中叶,因此更符合我们现今的时代。跟其他具有一两百年历史的"文库"相比,"贝克通识文库"从整体知识史研究范式到各学科,都经历了巨大变化。我们首次引进的三十多种图书,以科普、科学史、文化史、学术史为主。以往文库中专注于历史人物的政治史、军事史研究,已不多见。取而代之的是各种普通的知识,即便是精英,也用新史料更多地探讨了这些"巨人"与时代的关系,并将之放到了新的脉络中来理解。

我想大多数曾留学德国的中国人,都曾购买过罗沃尔特出版社出版的"传记丛书"(Rowohlts Monographien),以及"贝克通识文库"系列的丛书。去年年初我搬办公室的时候,还整理出十几本这一系列的丛书,上面还留有我当年做过的笔记。

五

作为启蒙时代思想的代表之作,《百科全书》编纂者最初的计划是翻译1728年英国出版的《钱伯斯百科全书》(*Cyclopaedia: or, An Universal Dictionary of Arts and Sciences*),但以狄德罗为主编的启蒙思想家们以"改变人们思维方式"为目标,[1]更多地强调理性在人类知识方面的重要性,因此更多地主张由百科全书派的思想家自己来撰写条目。

今天我们可以通过"绘制"(mapping)的方式,考察自19世纪60年代以来学科知识从欧洲被移接到中国的记录和流传的方法,包括学科史、印刷史、技术史、知识的循环与传播、迁移的模式与转向。[2]

徐光启在1631年上呈的《历书总目表》中提出:"欲求超

---

[1] Lynn Hunt, Christopher R. Martin, Barbara H. Rosenwein, R. Po-chia Hsia, Bonnie G. Smith, *The Making of the West: Peoples and Cultures, A Concise History,* Volume II: Since 1340. Bedford/St. Martin's, 2006, p. 611.

[2] Cf. Lieven D'hulst, Yves Gambier (eds.), *A History of Modern Translation Knowledge: Source, Concepts, Effects.* Amsterdam: John Benjamins, 2018.

胜，必须会通，会通之前，先须翻译。"[1]翻译是基础，是与其他民族交流的重要工具。"会通"的目的，就是让中西学术成果之间相互交流，融合与并蓄，共同融汇成一种人类知识。也正是在这个意义上，才能提到"超胜"：超越中西方的前人和学说。徐光启认为，要继承传统，又要"不安旧学"；翻译西法，但又"志求改正"。[2]

近代以来中国对西方知识的译介，实际上是在西方近代学科分类之上，依照一个复杂的逻辑系统对这些知识的重新界定和组合。在过去的百余年中，席卷全球的科学技术革命无疑让我们对于现代知识在社会、政治以及文化上的作用产生了认知上的转变。但启蒙运动以后从西方发展出来的现代性的观念，也导致欧洲以外的知识史建立在了现代与传统、外来与本土知识的对立之上。与其投入大量的热情和精力去研究这些"二元对立"的问题，我以为更迫切的是研究者要超越对于知识本身的研究，去甄别不同的政治、社会以及文化要素究竟是如何参与知识的产生以及传播的。

此外，我们要抛弃以往西方知识对非西方的静态、单一方向的影响研究。其实无论是东西方国家之间，抑或是东亚国家之间，知识的迁移都不是某一个国家施加影响而另一个国家则完全

---

[1] 见徐光启、李天经等撰，李亮校注：《治历缘起》（下），湖南科学技术出版社2017年版，第845页。
[2] 同上。

被动接受的过程。第二次世界大战以后对于殖民地及帝国环境下的历史研究认为,知识会不断被调和,在社会层面上被重新定义、接受,有的时候甚至会遭到排斥。由于对知识的接受和排斥深深根植于接收者的社会和文化背景之中,因此我们今天需要采取更好的方式去重新理解和建构知识形成的模式,也就是将研究重点从作为对象的知识本身转到知识传播者身上。近代以来,传教士、外交官、留学生、科学家等都曾为知识的转变和迁移做出过贡献。无论是某一国内还是国家间,无论是纯粹的个人,还是由一些参与者、机构和知识源构成的网络,知识迁移必然要借助于由传播者所形成的媒介来展开。通过这套新时代的"贝克通识文库",我希望我们能够超越单纯地去定义什么是知识,而去尝试更好地理解知识的动态形成模式以及知识的传播方式。同时,我们也希望能为一个去欧洲中心主义的知识史做出贡献。对于今天的我们来讲,更应当从中西古今的思想观念互动的角度来重新审视一百多年来我们所引进的西方知识。

知识唯有进入教育体系之中才能持续发挥作用。尽管早在1602年利玛窦的《坤舆万国全图》就已经由太仆寺少卿李之藻(1565—1630)绘制完成,但在利玛窦世界地图刊印三百多年后的1886年,尚有中国知识分子问及"亚细亚""欧罗巴"二名,谁始译之。[1]而梁启超1890年到北京参加会考,回粤途经

---

[1] 洪业:《考利玛窦的世界地图》,载《洪业论学集》,中华书局1981年版,第150—192页,此处见第191页。

上海，买到徐继畬（1795—1873）的《瀛环志略》（1848）方知世界有五大洲！

近代以来的西方知识通过译介对中国产生了巨大的影响，中国因此发生了翻天覆地的变化。一百多年后的今天，我们组织引进、翻译这套"贝克通识文库"，是在"病灶心态""救亡心态"之后，做出的理性选择，中华民族蕴含着生生不息的活力，其原因就在于不断从世界文明中汲取养分。尽管这套丛书的内容对于中国读者来讲并不一定是新的知识，但每一位作者对待知识、科学的态度，依然值得我们认真对待。早在一百年前，梁启超就曾指出："……相对地尊重科学的人，还是十个有九个不了解科学的性质。他们只知道科学研究所产生的结果的价值，而不知道科学本身的价值，他们只有数学、几何学、物理学、化学等概念，而没有科学的概念。"[1] 这套读物的定位是具有中等文化程度及以上的读者，我们认为只有启蒙以来的知识，才能真正使大众的思想从一种蒙昧、狂热以及其他荒谬的精神枷锁之中解放出来。因为我们相信，通过阅读而获得独立思考的能力，正是启蒙思想家们所要求的，也是我们这个时代必不可少的。

李雪涛

2022年4月于北京外国语大学历史学院

---

[1] 梁启超：《科学精神与东西文化》（8月20日在南通为科学社年会讲演），载《科学》第7卷，1922年第9期，第859—870页，此处见第861页。

什么是天才?

刘 伟

几乎每一位父母都想了解,自己的孩子是不是天才?天才有方法去鉴别吗?如何把自己的孩子培养成天才?弗兰齐斯·普雷克尔(Prof. Dr. Franzis Preckel)和塔尼亚·加布里埃勒·鲍德森(Dr. Tanja Gabriele Baudson)这两位心理学家在《天才:如何鉴别、理解与培养》这本书中,以心理学的科学视角,用大量科学实证研究成果为依据,揭示了有关天才的奥秘。

天才是人们虚构出来的用来解释非凡成就的概念。一个人取得了非凡成就可以被称为天才,具备了取得卓越成就的潜力的人也会被称为天才,根本不存在解释非凡成就的统一模型。没有一种与生俱来的,自行发展就会使孩子优秀的天赋。天才不等于高智力,除了天生的能力,非凡成就的取得还需要长远规划的学习和训练过程,应把天才看作学习和训练的结果;训练人要有任务使命感,有取得非凡成就的动机,并且相信自己的能力；教师的有效指导与家庭环境的支持起着非常重要的作用。

天才没有普遍适用的标志。全面天赋概念实际上基本没有意义。天才儿童与普通儿童只存在程度上的差异，把什么样的智商值设定为鉴别天才儿童的界限在很大程度上都是人为的，当前以人格特征来鉴别天才的大多数方法都没有考虑环境与发展方面的因素以及本应予以考虑的交互影响这个因素。人是发展变化的，不存在鉴别天才的可靠早期标志。兴趣决定着人们把时间花在哪些事情上，因此成年人的天才也可以理解为高度分化的专长，鉴于天才现象的复杂性和多层次性，完全通过智力测试数值来定义天才没有意义；把发散性思维测试作为创造潜力的指标，必须用包括个人情况说明、人格与动机调查表、自我评价、他人或专家评价等其他信息补充。

一朝是天才并非永远是天才。非凡的潜力到底是什么取决于个人的生活状况，尤其是一个人可以为发展自己的能力投入多少时间和资源。教师和家长对天才儿童培养的最好促进在于为儿童发现自己的潜力创造丰富而又开放的学习和活动环境。随着学习的不断深入，基础知识和相关专业领域的经验会变得越来越重要，学业成绩并非鉴别天才的可靠指标，儿童的强项所在的领域越是受到社会环境或者学校的重视，天赋的范围越广，社交能力越强，天赋的发展得到家庭和环境的支持越多，他们的天才越容易被发现。高天赋低成就者出现严重情绪或者社会问题的风险极高，找到学业成就差的原因，也可以通过客观地测定智力能力解决。一旦发现所谓天才儿童在各项能力上发展不均衡的迹象，就要警惕起来，注意力障碍合并多动症的儿童在任何场合都会出现相应的注意力不集中的行为方式，天才儿童发生此种现象的原因可能是活动不能满足其智力活动的需要；患有阿斯伯格综合征的儿童在与人交往时普遍比较笨拙，天才儿童的社交能力需要一定的环境才能表现出来。

天才儿童并不存在特殊性人格特征。源自实践的研究无法证实外行观念或者咨询指南等推测的天才儿童具有特殊性。一方面特殊性只出现于部分天才儿童身上，不是在全部人身上。另一方面，调查结果明确不支持存在特殊压力因素的假设（如完美主义或者过度活跃）。高天赋并非总是意味着对压力或者问题更为敏感。与普通儿童相比，天才儿童并未经历更多的社交或者感情问题，也并非更易出现心理障碍。天才儿童也存在特殊挑战，"能力强但是也要和蔼"这种矛盾要求会增加天才儿童坦然面对自己能力的难度，天才儿童成长过程另一个特别之处在于，他们可能处于有挑战性内容的学习需求在学校长期无法得到满足的状态。

培养天才儿童是可行的。天才儿童的突出成就是在悉心指导下按一定规律常年练习的结果。要让对孩子天赋的培养取得成功，最重要的一点一直都是，要使发展潜力与发展需求尽可能契合，同时也要使环境对人提出的发展要求与发展安排尽可能契合，培养课程不仅要针对各项能力，也要总体上支持人在情感、社会或者自我调节能力方面的发展。天才儿童也存在很大差异，培养措施也要因人而异，例如，加速教学适合学业成就突出的天才儿童，而丰富安排则更适合那些还没有把自己的潜力转化为成就的人。讨论什么才是唯一正确的培养方式没有意义，重要的是，天才儿童应该得到不同的有选择性的培养。

天才的研究不仅具有经济意义，同时也源自人们对民族文化的自我认识，这种自我认识对整体性的人格发展和个人的幸福生活而言有着重要意义。教育体系必须像帮助弱者成长一样帮助天才儿童，高天赋存在于各个社会阶层，意志天赋是把潜力转化为能力最重要的前提条件，社会框架条件只是提供了机会，而我们的教育最终的目的是让人获得自由，过上幸福生活。

目 录

第一章 天才及非凡成就的魅力   001
  1.1 什么是天才？   005
  1.2 模型介绍   009
  1.3 非凡成就是如何产生的？   018
  小结   021

第二章 鉴别天才   023
  2.1 信息来源   027
  2.2 鉴别天才儿童面临的挑战   043
  2.3 一朝是天才，永远是天才？   052

第三章 天才儿童的特征——假象与事实   055
  3.1 外行理论与偏见   056
  3.2 天才儿童实际上是什么样的？   060

3.3　天才儿童的成长过程有特别之处吗?　　078
　　小结　　082

第四章　培养天才　　085
　　4.1　培养天才儿童的各种措施　　089
　　4.2　加速　　095
　　4.3　丰富　　099
　　4.4　分离式　　102
　　4.5　导师制　　105
　　小结　　108

第五章　研究与培养天才儿童的历史　　111
　　5.1　从古典时期到现代的天才研究　　112
　　5.2　20世纪与21世纪的天才儿童的研究与培养　　116
　　5.3　天才——并非时髦现象　　130

注释　　133
参考文献　　135
其他德语文献　　145
专业门户网站　　147

第一章　天才及非凡成就的魅力

4个月时就能说完整的句子，15个月时就能读书，3岁就会解数学方程式，这一切无论如何都不是寻常之事，而迈克尔·卡尼（Michael Kearney）就是这样一个非凡儿童。而且他还是以非凡的速度长大的，6岁进入大学，10岁就拿到了大学文凭，历史上还从没有这么小的大学生和大学毕业生。卡尼因此进入了吉尼斯世界纪录。获得博士学位时他也只有22岁（在攻读博士学位期间还拿了第二个硕士学位）。

这样的成长历程非常具有吸引力，同时也给人们抛出了很多问题。一个人这么早就取得如此突出的成就是怎么做到的呢？可以先从卡尼自身来找原因，也许他出生时就具备特殊的取得成就的前提条件，换句话说，他非常聪明。这种思想也存在于早期的天才研究中，当时的研究主要以选拔天才人物为主。那时，新开发的智力测试声称可以保证客观性，谁在智商测试中取得的测试值高，谁就被认为是天才人物。

但是真有"天生的"天才儿童吗？原则上说，人的潜能是可以开发的。在这个背景下，天才儿童的成长和培养方面的研究越来越受天才研究的重视。与天赋是先天的这种观点相反，现在人们把有利的环境和成长条件看作取得非凡成就的原因所在，例如，良好的指导和训练。持这种看法的人认为，通过非常有利的培养条件完全可以解释卡尼的成长过程。

到目前为止，对于如何解释像卡尼这样的成长经历，学者们没有确定的答案。然而可以确定的是，天赋的作用或者环境的作用各自都不足以解释这样的成就。关键是它们的相互作用，而这种相互作用反过来又受到很多其他因素的影响。要想研究天才这个主题，对问题的复杂性要持开放态度，这个问题研究起来并不那么简单。

对于这个问题的研究，目前舆论普遍认为，学校教育和家庭教育占有重要地位，尤其是受到大规模国际学业成就研究的推动，比如，国际中学生评估项目（PISA）。教育公平、教育水平或者学校改革直接影响着天才儿童研究。总体上说，这些探讨加剧了围绕天才儿童研究的各种争论，比如，上面简要提到的天赋与环境论。讨论变得如此激烈的另一个原因是，社会阶层之间及各受教育群体之间的差异越来越大。在这个背景下，还怎么为研究天才儿童而不是研究其他群体进行辩解呢？也许这些群体更需要关注。

而且关于天才的定义还从来没有像现在这么多，因此论争不可避免。例如，人们对于天才是普遍现象还是特定领域的现象存在争议，卡尼那时攻读的是生物化学和计算机科学，如果他学的是文学或者法学，或者从事的不是学术活动，而是其他活动，那么他是否也会一样光彩夺目呢？人们有争议的地方还有，天才儿童与一般儿童的区别只是"在同一方面多那么一点"还是也有着质的差异？他们的思维方式是否也不一样，因此需要为他们量身定制特殊培养措施？人们对天才认识不一致的原因还有，天赋到底应该被看作确定的，因而是不可改变的呢，还是认为天赋的发展受到环境与文化的影响？持什么样的立场，会直接影响人们对天才的基本认识、鉴别和培养。

文化影响的作用尤其需要讨论一下。本书为什么以学术领域的突出成就为例来开始讨论呢？来自西方文化圈的许多人也许会选择类似的例子（一提到天才人物，人们马上就会以爱因斯坦为例），但是也许只有少数几个人会以在社会领域取得非凡成就的人为例。也就是说，文化社会环境决定着，人们把哪些内容与天才概念联系在一起。此外，在这种环境中，对培养天才儿童应该服务于什么目的，什么样的培养结果才符合人们的期望，也存在常规性规定。在西方文化圈中通常强调的是发展能力，大多是把培养目的定为使人的整体人格得到最佳发展，而很少把意义和价值作为首要考虑（Heng，2003）。

目前人们对天才到底了解些什么？回答这个问题时无法完全保持客观，需要以个人确定的重点为依据来说。作为心理学家，我们选择的研究主题当然是心理学视角的，同时还有其他学科也在研究这个问题，比如，认知神经科学或者社会学，此外当然也包括讨论这方面问题所必需的某些学科。

1.1 什么是天才？

对于什么是天才这个问题，有很多答案。天才可以看作天生的高智力，可以看作良好成长过程或者培养的结果，或者看作归因过程的结果（某个人因为其他人认为他是天才而被看作天才）。乐观地看，可以这样来理解天才定义的多样性，即现在有很多类型的天才，有很多关于天才的语言表达方式。另一方面，天才这个概念因此变得越来越难以述说。如果有人把天才看作社会归因过程的结果，而该归因过程因其社会性有时是无法核实的，那么要说清什么是天才就很困难，因而也不大可能对于鉴别或者培养的方法给出可靠的论断，或者至少很难做出可靠的论断。但是这本书现在拿在大家手中，这就说明，事情并非如上所述。

天赋一般是指与成就相关的人的潜力，相应地，天才指非常突出的潜力。天才这个建构本来就是人们"虚构出来的"，是用来解释非凡成就的。建构是理论性质的，无法直接观察到，必须从观察其他事实（所谓的指标）得出。但这并不是说，建构是凭空想像出来的（"Luftnummern"）。人与人之间当然有成就的差异，而且几乎存在于每个方面。在绝大多数情况下，这些差异并不是偶然产生的，而是有着一定的原因。问题主要来自三个方面：(1) 观察的是哪些方面？(2) 怎么确定哪些事实可以被看作某个特定领域的有效指标?(3)怎么确定这些指标要达到什么程度才能称之为天才?

天才的标准

美国心理学家斯滕伯格调查了外行对天才儿童的看法。从他们的回答中,斯滕伯格提出了一个人要被称为天才应该满足的5个标准(Sternberg,1993):

1. 出色:与其他人相比,一个人在一个或者几个领域有明显优势。非常重要的是与自己的同龄人相比,一个人的能力发展在很大程度上是由自然成长过程和每个人之前所得到的学习机会共同决定的,而这些机会中的一部分反过来又与年龄有关。

2. 罕见:可比性特征的突出程度,即在同年龄组的人中比较罕见。这个标准是对出色标准的必要补充,因为如果大家的成绩同等出色,那就无法把他们中的任何一个人称作天才。

3. 产出:天赋必须(或者很有可能)有产出,也就是说,必须要让人能够制造出特殊产品或者做出特殊行为。这个标准表明,为什么选美小姐(或者选美先生)大多不会被称为天才,除非她们(或者是他们)把自己的地位与其他活动联系起来,如参加娱乐秀。

4. 可证明:特殊的出色表现必须能够通过有效的检验方法

(如成就测试)加以验证。如果天赋无法以得到承认的方式记录下来,则不能说某个人天赋很高。

5. 价值:非凡潜力或者非凡成就的所在领域必须是环境或者文化所重视的领域。价值标准把天才归因限定于有着社会文化意义的领域,同时也解释了为什么有些人是后来才被认为有着特殊天赋或者是在换了环境之后才被认为有着特殊天赋[如法国天才女雕塑家卡米耶·克洛代尔(Camille Claudel)]。

挑选天赋所在领域和有效指标,并确定天才的突出程度,鉴于上述挑战,这些标准表明,指标并非普遍有效,在具体的社会文化环境中才能发挥其有效性。环境决定了哪些领域可以与天才联系在一起,这些领域有时会随着时间与文化变化,而且对于能力达到什么样的突出程度才可以被称为天才也没有客观标准,标准是人为确定的,而且一般是通过与其他人的比较确定的,对一个人的评价总是以其他同龄人为参照进行的(有时也以出身及性别为参照)。

天才:潜力还是成就

斯滕伯格的5个标准(除产出标准外)在很大程度上并未回答这个问题,即天才到底是指取得特殊成就的潜力还是已经表现出来的突出成就。"天才"这个词的普遍用法也体现了这种模糊性。一方面,人们用"天才"这个词进行解释,一个人取得了非凡成就,为了解释这些特殊成就,在一定程度上把其称为天才(结果定义或者表现定义)。另一方面,人们用"天才"这个词来描述某个人,如果这个人具备取得卓越成就的潜力,也会被称为天才,即使他还没有做出什么非凡的成就(能力定义)。

"天才"这个概念在解释时主要用于成年人,在描述时则用于儿童。没有哪一个针对大学生的天才培养计划会在某人没有突出成就的情况下接受其参加,而一部分儿童却可以在分数并不突出的情况下被录入天才儿童班。这种与年龄有关的推延关系并不具有强制性,并非每个天才儿童后来都会取得突出成就,也并非每个成年后取得突出成就的人在儿童时期天赋都非常高。那些所谓的大器晚成者的天赋是晚一些时候才显现出来的,例如,作曲家安东·布鲁克纳(Anton Bruckner)或者作家查尔斯·布可夫斯基(Charles Bukowski)。虽然这种情况很少,但是它表明,在个别情况下,天才的成长过程可以不一样。"天才"这个概念的使用会随着年龄发生推延。或许也可以这样来解释,社会承担着教育和培养孩子成长的责任,而随着年龄的增长,这个责任会越来越多地由个人自己来承担。

1.2 模型介绍

现在，天才的表现定义与能力定义都使用得非常普遍。两类定义的区别在于，把哪些关于天才的指标视为有效指标。一类是把已经取得的出色成就作为指标；另一类是把取得出色成就的潜力作为指标，通过能力测试、调查或者行为观察做出推断。接下来讨论的智力定义把天才看作取得突出成就的潜力。

天才即高智力

在最初的现代观念中，有一种观念认为，天才即是极高的智力（可以参看第5章推孟的研究）。谁属于同龄人中最聪明的百分之一到百分之五，就会被称为天才。目前，在研究和培养实践中，仍然有人在使用智力定义或者智商（IQ）定义。智商是指智力商数，即标准化智力测试结果的相对数。因此"智商定义"这个名称意味着，如果某个人的智商在特定测试结果以上就可以称为天才（关于智商能在多大程度上真的预测成就的突出程度将在本章1.3节论述，关于智商测试将在第2章论述）。

一般而言，智力是指个体之间在对学习和解决问题具有重要意义的各种思维能力上的差异。现代研究方法把智力理解为所谓的特征等级（McGrew，2009）。如果把智力理解为一个量，在某种程度上把其理解为"心理能量"，那就把问题过于简单化了，因为其包括各种思维能力。这些能力可以按照其对各领域思维成就的影响广度或者普遍性来排列。图1中最下面一级为各种各样很专门的能力（如节奏能力或者学习外语的能力）；中间一级为普遍性居于中等的各项能力，这些能力对许多思维过程，但远非对所有思维过程都起着重要作用（如读写能力），知识也位列在此，与有些日常观念不同，所获得知识的数量反映的并不仅仅是学习机会和投入，也反映了自己的学习能力，因而与智力也是有关联的；最上一级是一般智力，其所包含的过程非常广泛，因此一般智力在思考问题时总是在起作用。

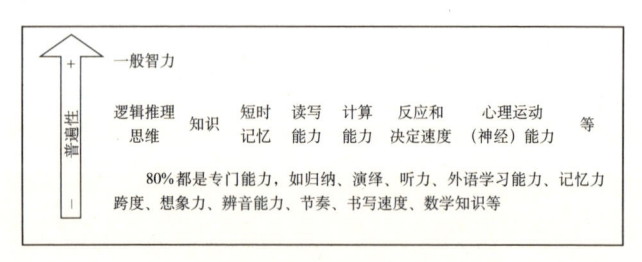

			一般智力				
逻辑推理思维	知识	短时记忆	读写能力	计算能力	反应和决定速度	心理运动（神经）能力	等
80%都是专门能力，如归纳、演绎、听力、外语学习能力、记忆力跨度、想象力、辨音能力、节奏、书写速度、数学知识等							

图1 智力作为特征等级（引自McGrew, 2009）

引人注目的是，突出的天赋特征，即个人的强项与弱项，在高智力区域比在平均智力区域更为常见。智力一般的人其能力的分布更为均衡一些，天才儿童的智力分布各有各的特点，例如，特殊的语言天赋或者数学天赋。相反，两个领域（即语言与数学方面）的天赋都很高的天才儿童更为罕见一些。天赋的重点领域大多在小学时期就已经形成，对预测这些领域的进一步发展很有说服力（Webb, Lubinski & Benkow, 2007）。因此天才研究正在逐渐抛弃把天才理解为远高出平均水平的一般智力这种观念，转而越来越关心特定领域的智力天赋。

智商并非唯一要素：天才是多元化现象

把天才局限于认知领域，完全基于智力的天才定义受到多方面的批评。相反，美国第一个"正式"的天才定义［关于在美国学校中促进天才儿童成长的《马里兰报告》(1972)］区分了6个不同领域：一般才智、专门的学业能力、创造性、领导力、造型视觉和表演艺术以及心理活动。对于纯粹以智力为依据的天才定义的批评还包括该定义过于僵化，未给人的成长留出足够的空间。

美国学者约瑟夫·伦朱利（Josef Renzulli）在20世纪70年代提出的三环模型（图2）首次从动态视角审视天才问题。伦朱利认为，天才并非天生，如果三个特征完美协调发挥作用，就可以发展出天才行为。

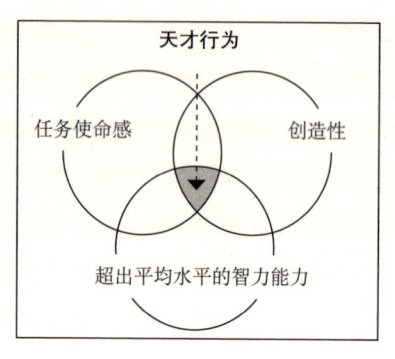

图2　伦朱利的天才三环模型（1978）

超常的思维能力是特征之一。与许多支持以智力定义天才的人相似，伦朱利认为，思维能力只能在有限范围内发生变化，不存在极其突出的思维能力。即使"只有"平均水平的思维能力也可以发展出天才行为，条件是一个人要有任务使命感，要投入时间和精力，在遭遇挫折时要能够再次激励自己，而且愿意证明自己的能力。一个人要实实在在地有所创造，除了思维能力和任务使命感，还需要有创造能力，也就是说，在研究某个任务时方法要有原创性，有产出，表现出灵活性和独立性，这样才能发展出天才行为。伦朱利认为，与思维能力不同，任务使命感和创造性可以学习，并且可以相应地得到提升（在第4.3节将介绍几种思想）。

行为的发展离不开环境，而伦朱利的模型没有考虑环境的影响。为了更全面地反映天才行为或者突出成就的发展过程，加拿大学者佛朗索瓦·加涅（Françoys Gagné）提出了差异化天赋以及天才模型（图3）。他所谓的天赋是指广义上存在于各个方面的天生能力。天赋虽然每个人都有，要得到发展却需要激励和培养。相反，天才是指特殊成就，即经过系统发展获得的能力，可以让一个人成为某个领域的专家。由于天赋的多样性，天才可以表现在很多领域。加涅的模型因此融合了能力（天赋）和表现（天才）。但是这个天才概念还是局限于天赋方面（因此也就局限于各种广泛的能力）。

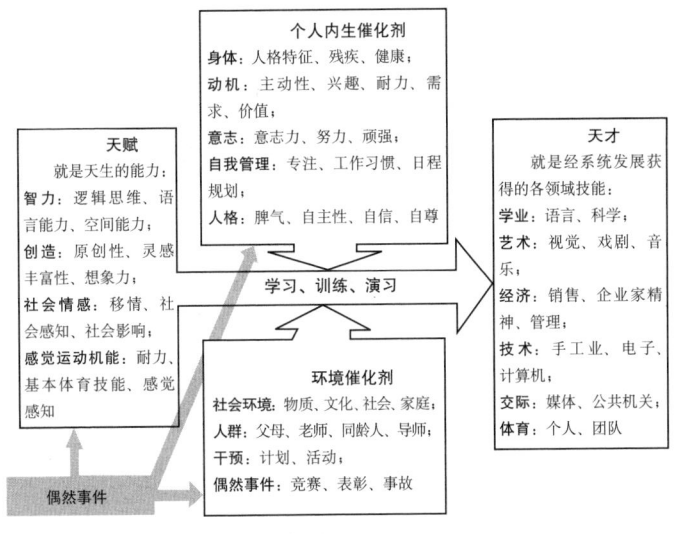

图3　差异化天赋与天才模型（Gagné，2004）

加涅认为，从天赋通向突出成就的道路是系统学习、训练和演习，这需要以精力和耐力做保证。要具备这两点要求，人需要有某些特征，所谓的个人内生催化剂，例如，很高的成就动机或者对自己能力的信任。同时也需要来自外界的支持，让天赋得到发展。

环境催化剂多种多样。重要人物，如父母和老师，对于天才儿童的影响怎么高估都不为过。同样重要的还有孩子成长的地方。农村地区的孩子占有的环境资源与城市孩子不一样，而且有时得到的好资源要少一些（如图书馆、剧院，也包括学校的活动安排），这些资源本来也可以对一个人的才能发展起到支持作用。

天赋发展过程因人而异，在加涅模型中这一点表现得非常明显，同时也考虑了长期影响一个人的偶然事件的作用，例如，在适当时间遇到合适的人，也包括应对创伤性经历，如童年失去父母，这些经历可能会对深入研究某个领域产生决定性影响。

专长研究：把天才看作学习和训练的结果

与生俱来的天赋对于解释非凡成就有多重要？可能根本就不需要。至少所谓的专长研究认为是这样。"专长"是指在某个领域的特殊工作能力（如棋类或者桥梁工程）。其基础是，通过经验和训练在某个领域获得了特别丰富的知识以及专门技能。而专长研究认为，与生俱来的天赋对于获得成就不重要，甚至没有关系。美国心理学家本杰明·布罗姆（Benjamin Bloom，1985）发现，艺术、音乐、科学或者体育等各方面的专家都经历过很长的学习时间。在经过约10年的大量训练后他们才达到了工作能力的最高点。这一调查结果被誉为"10年定律"。要成为专家必须在所在领域经过1万小时的训练。如果一个人每天训练2.5到3小时，训练1万小时算下来也就是大概10年（图4）。

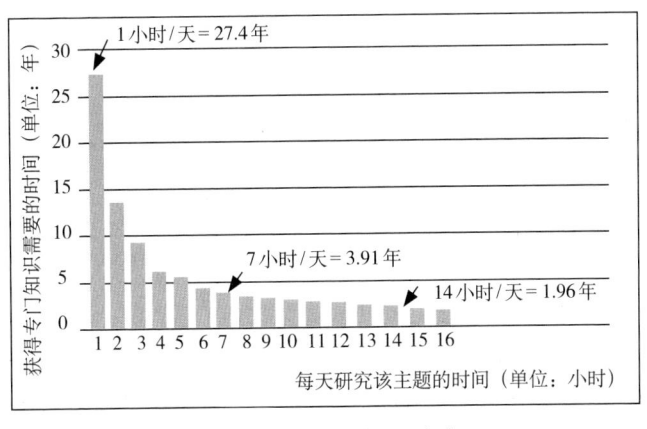

图 4　成为专家需要训练 1 万小时

瑞典心理学家K.安德斯·埃里克森（K. Anders Ericsson）把专门知识的发展过程分为几个步骤，第一阶段是指在童年早期以游戏方式把孩子引向一个领域；第二个阶段是系统的、受到老师指导和支持的训练阶段，随着年龄增加，训练量不断加大；第三个阶段，一般是青少年时期，教学和指导的力度进一步加大，最终取得非凡的成就。埃里克森认为，训练内容主要是让人付出努力的、以目标为导向的练习，即所谓的有意训练（deliberate practice），这种训练决定着发展步伐与非凡成就。这种类型的训练旨在依靠卓越的老师（广义）继续发展能力，老师的任务是，一方面组织好学习过程，另一方面使学习者保持学习动机。要做到这一点需要以良好的师生关系与深入的合作为基础。因此老师不能仅专注于原本要训练的专门知识领域，而是要把学习者看作整体（Ericsson，1996）。

是否任何一个人经过相应的训练都可以学到专门知识呢？不可能，因为有意训练非常辛苦，而且结果往往让人很沮丧。为什么要让自己承受这样的压力呢？即使专长研究认为天生能力差异的影响很小，甚至没有影响，该研究还是承认，有些人格特征起着有利作用，人要有不断增强自己的愿望，并且能够多年保持在高水平上（Ericsson & Charness，1994）。这方面的人格特征包括对突出成就的重视，对自己工作能力的信任，良好的学习技巧以及很高的成就动机。如果一个人把成就看得不重要，而且不相信自己能够取得突出成就，几乎不可能成长为专家。

天才作为一种系统性现象

一个人要取得突出成就，需要许多东西富有成效地协同作用。因此系统理论家批评把研究焦点聚集于天才自身的做法，要求更多地考虑系统的相互作用。与专长研究类似，系统理论家也把研究焦点从天赋转向了成就的发展过程。德国心理学家阿尔伯特·齐格勒（Albert Ziegler, 2005）列出了以系统形式相互作用的4个因素：第一个因素是一个人在某一个发展时间点的实际行动能力；第二个因素是其学习目标，发展突出成就时要以继续发展自身在某个领域的行为全面性为结果；第三个因素是环境影响，如任务类型、老师的支持；最后一个因素是在相应环境中要达到目标，一个人可以利用的行为选择。

人们经常会忽视，任务也是决定天才特征的因素之一。如果把篮球的篮筐往下挪一点，身高也许就不再是优势了，其他球员也许会更加突出（Lohman, 2005）。从系统视角看，天才不应与个人联系起来，不应与个人的成就或者一定的"大脑质量"联系在一起，天才更多的是许多内外因素协同作用的结果，这些因素在恰当的时刻出现在了恰当的地点。这种巧合的情况多种多样，由此看来，根本就不存在解释非凡成就的统一模型。

1.3 非凡成就是如何产生的?

每个模型都有自己对天才的看法以及突出成就发展模型。每个模型都为天才研究做出了特定的贡献。下面尝试着来汇总一下,以此来回答突出成就到底是怎么获得的这个问题。

一般而言,发展是天资和环境相互作用的结果(参看图5)。一个人如何发展,既不是遗传决定的,也不是完全取决于环境,各个层面的相互影响更为重要,例如,长期承受压力可能会使神经以及基因活动发生显著改变(Kolassa & Elbert, 2007)。

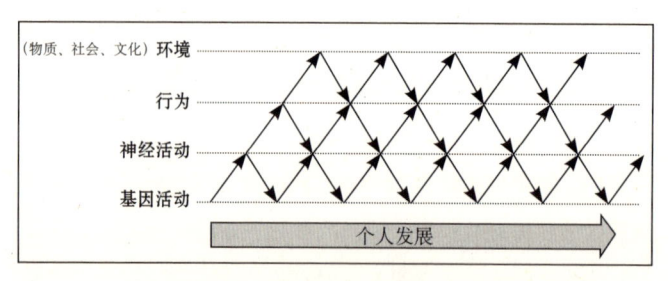

图5 基因、行为、环境在个人发展中的相互作用
(引自 Gottlieb, 1992, 第186页)

因此,从我们的角度看,与生俱来的天赋与训练及演习对于取得突出成就的贡献到底有多大,讨论这个问题没有意义。

我们以学术领域为例来看看天赋与成就的关系，在学术领域，相对而言，智力被证明是预测成就能力的最佳特征。智力差异既受到天赋的影响，也受到环境的影响，而且天资和环境相互作用的方式很复杂，没有激励和培养，最好的天资也会荒废，而教育对于发展智力有着积极作用（Ceci & Williams，1997）。[1]

智力与突出成就

在智力研究走过100多年后，现在大家对智力与（非凡）成就间的关联已经有所了解。智力对于教育与职业起着重要作用，高智力的人学东西快，而且在把学过的东西用于新的情景时也更为成功。智力越高，越有可能在几个智力领域比其他领域更为突出。这种相对优势对于预测某个领域的成就发展非常有效。对极其聪明的青少年（同龄人中最聪明的1%）进行研究证明，数学空间能力大致可以预测数学或者计算机方面的成就，语言能力可以预测社会及人文科学领域的成就（Shea, Lubinski & Benkow，2001）。一般而言，智商测试结果的差异可以解释中小学、大学或者职业成就差异的25%到50%，也就是说，智力与成就之间所谓的共同差异额是非常明显的，没有任何其他的心理特征具有如此高的预测力。研究同时也表明，智力并不能保证成就高，只能使取得高成就的概率更高一些，其他因素也起着作用，尤其是就突出成就而言。对高智力儿童发展的长期追踪研究早已证明了这种情况，在知名度最高的推孟研究中（参看第5章），对1500名儿童进行了研究，这些儿童都选自同年龄组中最聪明的1%，成年后通常职业上也很有成就，但是这些儿童中没有任何一个成为"创造性天才"。

门槛假设

一般而言，智商测试结果对成就有良好的预测能力，但是无法预测成就的突出性（Preckel & Vock，2013）。基于这一调查结果，人们提出了所谓的门槛假设，即在中低能力区域，以智力为基础可以对一个人的成就做出有把握的预测，在某个天赋水平（门槛）之上，天赋与成就的关联度很低或者没有关联，更高的智力并不会带来附加收益。对于成就的发展而言，更具有决定意义的是一个人的热忱、耐力或者成功动机。但是门槛假设无法在实践中得到确认，即使在最聪明的1%的人当中，智力差异对于预测个人的成就差异仍然起着作用（Lubinski, Webb, Morelock & Benkow, 2001）。这表明，在所有天赋等级中，智力对能力都有着积极影响。取得出色成就有着各种各样的原因，智力只是其中之一。

马太效应

智力标准不能用来预测突出成就，这一点已被专长研究用作支持其观点的论据，他们认为，与生俱来的天赋对于成就的发展并不重要。专长研究认为，训练和经验才是首要的。但是，训练过程的成功程度以及从经验当中能学到多少东西反过来又部分取决于智力。用所谓的马太效应很容易说明智力与专长习得间的关联性。这个效应源自《马太福音》（"凡有的，还要加倍给他叫他拥有更多；没有的，连他所有的也要夺过来"），对于天才研究而言就是。比起不那么聪明的人，更聪明（也就是说学习能力更强）的人在获取知识的过程中进步更快更大。这种优势会随着时间不断累积，智力帮助人们学习知识，大量而又经过整理的基础知识反过来又会使继续学习更为轻松。这种发展当然不是自动进行的，而是处在一定的社会或者文化背景中，因而也取决于环境提供的训练和培养课程。

小结

作为对上述讨论的总结，我们可以认为，似乎不存在任何一种与生俱来的天赋，这种天赋会随时间推移自行发展，然后孩子就变得优秀。相反，非凡的成就总是有好几方面的原因。除了天生的能力，还需要有着长远规划的学习和训练过程，但是要让这个过程取得结果，训练人就要有任务使命感，有取得非凡成就的动机，并且相信自己的能力。在学习过程中，接受过相关培训的老师所提供的有效指导与教育以及来自广义上的环境的支持起着非常重要的作用。各种因素对取得突出成就的影响分别有多大，这个问题可能因人而异，因此取得突出成就完全可以有不同的路径。

第二章　鉴别天才

说到天才这个问题，如何鉴别天才儿童是人们研究的核心问题之一。父母以及老师希望能够通过某些特征作为指示来确定学生或者孩子是否是天才儿童，这种想法情有可原。如第1章所述，定义天才总是意味着要决定，所做的评价针对哪个方面，必须回答"是哪方面的天才？"（如体育或者数学）这个问题。对这个问题的回答不同，就会把不同的特征作为天才的指示。没有普遍适用的标志，全面天赋概念现在实际上基本没有意义。

"天才儿童"与"非天才儿童"——是两个完全不同的类别吗？

有时人们读书时会读到，天才儿童与普通儿童的差异不仅指在某个方面数量意义上的"更早、更快、更高效"，而且存在质量上的差异，也就是说，天才儿童思考问题的方式、需求和整体成长情况与普通儿童不同。尤其是如果考虑到异常情况，特别是像迈克尔·卡尼这样的情况，这个看法完全可以理解，但是也存在好几个方面的问题，一方面，绝大多数研究结果表明，天才儿童与普通儿童只存在程度上的差异，没有东西表明他们之间存在系统性差异，即在各个方面存在质的差异，例如，在解数学题研究中，475名9岁的数学天才与230名13岁的普通儿童在成绩和解题方法上都没有多大区别（Threlfall & Hargreaves, 2008）。其他研究也表明，天才儿童已经可以想到并灵活使用某些策略，而这些东西原本是成年专家才会使用的，此外他们掌握的事实性知识也已经与专家们掌握的大致相同（Shore, 2000）。这说明他们只是成长得更快而已，并不能说明他们与普通儿童在智力上存在质的差异。

尽管如此，还是需要注意，超前发展，尤其是像卡尼这样令人惊奇的加速发展会使天才儿童处于特殊的生活环境中，如卡尼的兴趣与同龄人有很大的不同。即使天才儿童的能力用数量上的超前来描述比较好，但是在发展过程中，天才儿童完全有可能面临存在质的差异的生活情况（第3章将对这个问题继续进行研究）。从生活情况方面可能存在特殊性并不能得出他们具有特殊的人格这样的结论。

以质的差异来划分天才儿童与普通儿童可能还会使人认为，人们研究的是两个不同的群体，群体内部彼此之间非常接近，即把儿童划分成"天才儿童与其余儿童"。但是天才儿童并非同质群体，刚好相反，天赋越高，他们在天赋的重点领域以及人格方面的差异就越是多样化。就算是把天才等同于高智力，天赋特征也存在各种各样的可能性。系统模型极其清楚地反映了这种异质性，天才儿童并非"铁板一块"，他们各自有各自的特点。

因此鉴别天才并不需要全新的范畴，而是可以把许多人都具有的特征作为基础。这一点也会反映在人们使用的语言表达上。人们经常会以正常人为参照来讨论天才儿童问题，难道天才儿童不是正常人吗？在此以人口的智力分布为例来澄清这个问题。

通常用所谓的标准正态分布图来表示智力分布，如图6所示，水平轴为离差智商量表，表示的是智力的表现。离差智商（简称IQ）量表显示，一个人的成就与代表该人的参照组（如对于10岁男孩而言，所有10岁的儿童就是他的参照组）的平均值相比是偏高还是偏低，差距是多少。因此，不会把一个人的智力拿来与所有其他人进行比较，而总是以与他有着主要相同特征的人为参照来进行比较，例如，年龄或者母语相同。图中曲线下方被纵轴划分出的面积表示相应智商值在对照组中出现概率的百分数。不论以谁为参照组，平均智商总是100，智商值的分布与图6所示相似。就一个人是否是天才而言，通常以智商值不低于130为界限。虽然这么高的智商值很少出现（只有2%多一点），但是按照智商的正态分布却是可以预测到的。从这个意义上讲，高天赋也属正常，因为它仍然位于人类能力可期待的范围之内。为了把天才儿童与其他天赋的人群进行区别，最好不要用"正常人"这样的称谓，可以用"非天才儿童"或者"平均天赋的人"。语言创造事实，语言可能会使

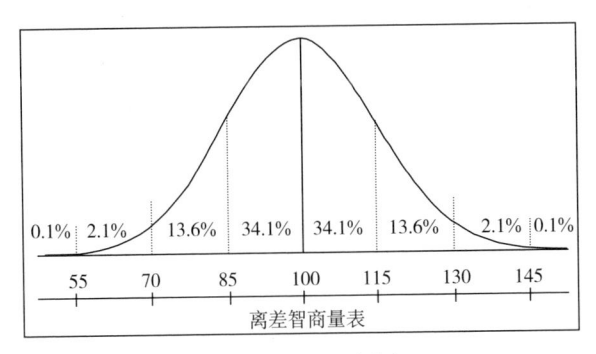

图6 智力的标准正态分布

人们对天才儿童的错误假设逐渐固定下来（参见第3章）。如上所述，高天赋更多应看作数量意义上的特征差异，而非质量意义上的特征差异。把什么样的智商值设定为鉴别天才儿童的界限在很大程度上都是人为的（以智商不低于130为界限也是一样），而非先天注定。从该界限值往上开启的并非一个"新世界"，更多是程度上的差异。

2.1 信息来源

目前，人们通常以人格特征为依据来鉴别天才。考虑到新一些的天才模型反映出的问题的复杂性，这种鉴别方法本身可能有些不完全正确。用来鉴别天才的大多数方法都没有或者几乎没有考虑环境与发展方面的因素以及本应予以考虑的交互影响这个因素，也就是说，在这方面还需要加大研究力度。与人格相关的特征，如智力、创造性或者动机，现在已经可以用心理学诊断方法进行正确评价。此外，依据社会环境来确定成就也比较容易做到。在介绍信息来源时也是主要集中于人格特征。但是必须要同时考虑到，人格特征也是在特定的社会、物理或者心理环境中形成的。

发展视角下的信息来源

在鉴别天才时要考虑到，人是发展和变化的，童年天才与成年天才不一样，因此也不存在鉴别天才的可靠早期标志（早期读写能力包括在内）。婴儿的注意力行为，幼儿的好奇心、兴趣以及语言发展极有可能与后来思考问题的能力有关联。在儿童时期天才体现为尚未区分的许多领域的极高潜力，但是也已经能够看出比较优势（例如，语言、注意力、运动技能），这些优势的发展整体上有比较大的余地（弹性）。随着年龄增加，尤其是到了青少年时期，天赋领域会进一步细化。兴趣决定着人们把时间花在哪些事情上，大多数情况下，人们对自己擅长的事情更感兴趣。并不是所有领域的训练机会都是均等的，训练机会随着环境的不同而不同，成就也会随着领域发生分化。细化过程产生的结果是，人们会专注于少数几个领域，成年后天赋的细化程度往往还会进一步提高，因此成年人的天才也可以理解为高度分化的专长，也就是说，在某一领域常年训练与体验的结果（Dai，2010）。

就鉴别天才而言，这种发展性视角给出的结论就是，对于儿童，主要是用宽泛的搜索焦点发现其潜力，而不是去揭示其专门能力，对于年龄大一些的儿童以及青少年，要更多地关注不同的天赋领域，包括已经获得的能力以及取得的成就。但是天赋所在的领域与取得成就的领域也可能不一致，这会使鉴别天才变得更加困难（参见第2.2节"低成就"）。要鉴别成年天才，考虑结果要比考虑天赋更多一些。没有之前不断取得成就的过程（换句话说就是，没有富有成效的学习过程），虽然也有可能取得突出成就，例如，第1章中提到的"大器晚成者"，但是这种情况极少。因此，随着年龄的增加，一方面，鉴别天才会由天赋视角转向成就视角；另一方面，天赋或者成就与特定领域的关联度也会更高。

测试方法

如果要用测试方法鉴别天才，智力诊断有明显优势，也可以得出创造性以及诸如动机等其他人格特征方面的数据。讨论测试方法之前先来简要描述一下究竟什么是心理测试。

什么是心理测试？

心理测试是指能够揭示心理特征的任务与问题的组合。任务和问题的选择必须要有科学依据，一般而言，心理测试必须要能够经受得起对其质量提出的高要求。一方面，必须保证测试结果的客观性，测试结果要不受实施与分析测试的地点和人员的影响。测试人员会得到实施和分析标准化测试必须遵守的规定。如何向被测试人员表述任务，什么样的回答应该给多少点数，这些都有明确规定。为了评价个别成就（如是视为"高于平均数"或者"很少见"），会对测试进行标准化处理。在对外发布测试前，会对数量尽可能大而又可以代表后来被试的群体进行测试，这样就可以把个人结果与该群体的测试结果分布进行比对。测试时会把心理特征转换为数值并且量化，但是只有在拿到标准后才能对不同人的结果进行比较。由于测试成绩会随着时间发生变化，因此评价标准也应不断更新，例如，过去几十年中智力测试的测试成绩平均而言呈上升趋势，人们根据这种上升趋势发现者的名字将其称为弗林效应（Flynn-Effekt），因此智力测试的标准必须是10年或者10年以内的标准。此外，心理测试方法必须得出有效结果，并且要明确测试出原本要求测试的项目。就像温度计可以测量温度却不适合用来测量时间一样，心理测试可以精确评估当时的心理紧张体验，但却不能成为评估智力的基础。除了上述特点之外，心理测试还必须可靠，即要做到，间隔一定时间后对人再次进行测试，得出结果表明该人的该项特征没有发生改变，测试可靠性是指两次测试机会得出的结果应该比较接近（已经考虑了测量误差，心理测试不可能完全没有误差）。恰如其分地运用和分析心理测试，尤其是解释测试结果，是一项极其严格的工作。因此心理测试只能由专门接受过这方面培训的人来做（心理学家，部分特殊教育学家也可以实施心理测试）。

智力测试

第1章（1.2节"天才即高智力"部分）已经介绍了当前心理学对智力的定义。根据这个定义，智力包括学习和解决问题的基本能力，根据对各种不同活动的影响程度，可以对这些能力进行排序。智力与天赋的性质一样，也是按照相应的社会文化环境来定义的建构。在理解智力时，西方人考虑的是适合西方环境的思考问题的能力。在不同文化中，各项能力完全有可能有着不同的重要性。有些文化把思维速度看得更重要一些，而在另一些文化中速度更多被看作缺点，而彻底性和深度被视为思维的质量特征（Sternberg，2000）。

测试只能反映人丰富多彩的思维能力中的一个断面。没有哪个测试可以把智力的所有方面包括进去，不同的测试测定的是不同方面的某一部分，因此不存在普遍智商，使用的测试不同，测量数字表示的能力也不同。此外，测试得出的总是即时情况，测试成绩在一天里也会随着时间段的不同有些波动，而且在人的一生中智力也处于不断变化中。

人越是年轻，智力测试时越重要的是考虑其各方面的潜力。如果是儿童，主要是考虑可变智力，也就是说，在不依赖之前所掌握知识的情况下，解决问题或者思想上适应新任务的能力，是未来认知发展的重要指示器（Baudson/Preckel, 2012a）。根据投入理论（Cattell, 1987），人会把可变智力"投入"构建高级能力和学习知识的过程中，例如，增加词汇量或者数学知识。这些通过学习和教育习得的知识被称为固化智力。环境提供的刺激和学习选择越是丰富多样，把可变智力投入习得知识和技能的过程中得到的收获就越高。大多数智力测试可以同时测定可变智力和固化智力，因此可以反映学习能力和学习机会之间复杂的相互关系。

许多测试测定的是智力的好几个领域，可以得出天赋的纵断面，从而精确预测未来的发展。覆盖智力各种领域的测试也被称为智力结构测试。但是大多数可供使用的智力测试原本并不是为了依据天赋的重点对高智力进行细分测定而设计的，其中部分测试是为了鉴别智力降低，大多数方法的测试编组旨在很好地测量智力，尤其是普通智力区域（如本书第27页图6所示，智商为85到115的范围）。因此许多用于进行智力诊断的测试中只包含很少的高难度题目，所以不适用于测定高天赋，高智力的被试常常可以答对所有题目，在一定程度上会触及测试的"天花板"（所以也称为天花板效应）。由于不知道被试在题目难度再高一些的情况下表现如何，无法就相对强弱做出论断。建议对天才儿童进行智力测试时，所挑选的测试也要能够测试出其在极高天赋区域的细分能力（测试方法概览可以参考 Preckel & Vock，2013；智力测试的背景资料可以参考 Preckel & Brüll，2008）。

智力是许多（才智型）天才定义的核心特征，可以用测试方法进行精确评估。但是评估时必须注意，智力诊断是为了回答具体需要诊断的问题（例如，儿童是否有跳级或者提前入学的认知条件）。鉴于天才现象的复杂性和多层次性，我们觉得完全通过智力测试数值（如智商不低于130）来定义天才没有意义。如果是进行研究，要测量大量人群并且得出普遍性论断，可以用智力测试；如果是在个人教育实践方面，用智力测试解决问题则不是很合适。每个智力测试测量的都是不同的能力。如果想通过一个测试结果确定天赋，从一定程度上讲，就是要通过一个测试决定谁是天才人物，谁不是。而不同的测试会得出不同的结果！要巧妙地利用测试，就要选择专门而且与问题契合的测试，并且要补充上其他信息（例如，某人目前处于什么情况之下或者之前经历了什么样的发展轨迹）。

做了这些限制之后，选择智力测试作为评估思维能力的手段就可能适用于这个人,相比较而言,除此以外的其他方法都无法给出客观、精确、有效的结论(也可以参阅第1章1.3节"智力与突出成就"部分)。

把发散性思维测试作为创造潜力的指示

许多天才研究模型把创造性视为确定天才所不可或缺的天赋领域,或者把创造性视为确定天才的要素。我们在第1章介绍过伦朱利的三环模型,他把天赋区分为学习天赋(高能力和强动机),创造力天赋(高能力、强动机和创造性)。创造性一词源自拉丁语的 creare("创造"),指能够产出新型和有价值的东西的有意识的创造过程。创造性的一个重要领域是产生众多完全不同的想法的能力。这种能力也被称为发散性思维。创造性作为一个整体是无法用测试方法测定的,发散性思维也许可以用测试方法测定。即使发散性思维与创造性不是一回事,但是也是除了好奇心、想象力外可以用来预测创造性思维成就的特征之一。

大多数智力测试任务的目的是要找出一个正确答案(所谓的聚敛性思维),而发散性思维的目的是产生多样化而又尽可能不同的原创性解决方案(如说出一个东西各种不同的使用领域,或者用给定的图形构建出尽可能不同的东西)。聚敛性和发散性思维互为补充,仔细观察一下我们解决问题的方式就很容易明白这一点。美国心理学家乔伊·保罗·吉尔福特(Joy

Paul Guilford，1950）把解决问题分成4个阶段：(1) 发现问题；(2) 产生大量与问题相关的想法；(3) 挑选出与解决问题有关的想法；(4) 得出与问题相关的结论。发散性思维主要用于产生想法，聚敛性思维主要用于评价和挑选想法。因此解决问题的过程包含发散性思维（创造性、流畅、灵活、原创性思维）和聚敛性思维（理智、推论性、评判性思维）两个部分。

但是，仅仅通过发散性思维测试几乎无法找到极具创造力的人，这类测试的成绩虽说与日常生活中的创造性成就完全成正相关，但是相关性不是很高（Cropley，2000）。为了鉴别极高的创造性天赋，必须用其他信息补充发散性思维测试，这些信息包括个人情况说明，人格与动机调查表，自我评价和他人评价或者专家评价（对这方面情况的概括介绍可以参见Runco，2010）。

人格特征调查表

心理测试不仅可以测定诸如智力或者创造性这样的成就，还可以测定人格特征，更能反映日常经历和日常行为。人格调查表测定的是人的典型特征，而不是他或者她所能获得的最高成就。大多数情况下会给被试提供许多不同的论断（例如，"如果我对一个问题感兴趣，就会寻找与此相关的很多信息"或者"我有考前焦虑症"）。被试要完成的任务是评估这些论断能在多大程度上描述自己的人格。填写调查表当然要求被试对自己有一定的自我认识。人格调查表也必须满足为测试列出的质量标准，即必须客观、有效并且可靠。

在有些天才模型中，作为典型行为的人格特征是天才的一个方面（如伦朱利模型中的任务使命感），在另外一些模型中，人格特征是把天赋转化为成就的辅助工具［例如，加涅（Gagné）模型］。在此举例介绍这些特征中与天才这个主题高度相关的两个，即对个人能力的自我设想和乐于思考问题。对个人能力的自我设想在很大程度上决定着自己的潜力是否也能够转化为成就，乐于思考问题这个特征有助于人们理解许多天才儿童的求知欲。

个人能力自我设想包含一个人对自己能力的评估。自我评估主要是结合一个人所得到的对自己能力的反馈以及自己到底处于什么样的周围环境中（当处于效率极高的周围环境中时，人对自己能力的评估要低一些，当与比自己能力差的人在一起时，对自己能力的评估要高一些）形成的，也就是说，对个人能力的自我设想不必一定要与实际能力一致。在有些情况下（尤其是在环境发生改变后或者面对新任务时），对个人能力的自我设想对于后来的成就同样有着参考价值，如对智力。如果一个人不相信自己的能力，面对问题时就会有些犹豫不决，更害怕犯错，因此尝试得也要少一些。所有这些都会影响到自己的成长和成就，即使智力很高也是一样。

第二个例子是乐于思考问题，或者也可以称作认知动机。

虽然人们对认知动机的发展还不是很了解，但是已经发现儿童之间在以下两个方面存在很大差异：一是思考带给他们的愉悦感；二是他们是否喜欢自己搜寻一些需要思考的情景。乐于思考问题来自对认知刺激和挑战的需求，如果这个需求得不到满足，人就会感到不舒服。乐于思考问题不同于思维能力，对于天才儿童研究而言，让人真正感兴趣的是高思维能力与对认知活动的需求这两者的组合，两者的组合以及对认知活动的热爱是认知发展的有利条件，也使人们更容易理解天才儿童的求知欲。德国心理学家威廉·斯特恩（William Stern，1871—1938）在1920年就已经写道："必须要特别予以强调的是，智力与其他心理机能的紧密结合也会影响到人的意志活动和情感活动，就情感部分而言，建议对智力和理智性加以区分，智力是指对新的心理环境的适应能力，理智性则是对适应表现出的兴趣，对于'聪明'人而言，智力只是心理手段，是他达到任何目的的手段；对于'智者'而言，实施这种手段自身就变成了一种注重情感的目的；思想活动对于'智者'而言就变成了情感活动。"（Stern，1920，第6—7页）

通过个人能力自我设想和乐于思考问题这两个例子想要揭示两点，一是像通过能力预测一样，一个人的人格特征有时也可以对其发展给出同样精准的预测。二是理解一个人的能力离不开他的人格，如智力或者创造性。因此我们可以说，人格调查表对于鉴别天才或者预测获得专门知识的潜力有着重要作用。

自我与他人评价

经常是父母或者老师猜测孩子天赋很高,建议采取适当的培养措施。有时候人们也会自己推荐自己,例如,报名参加德国中学生科学院(DSA)的夏令营。如何通过这样的他人评估或者自我评估来鉴别天才呢?

教师和父母的评价

说到评价学生的能力,教师的表现好于他们的名声,评价单个学生时他们往往会参照同龄人组成的大对照组。但是在评价学生方面,教师之间的差异也是很大的,有些教师鉴别天才儿童的成功率很高,另一些人则鲜有成功的例子(Siegle & Powell, 2004)。此外,许多教师会把高分数等同于高天赋,这样做虽然可以较好地鉴别成就突出的天才儿童,但是往往会忽视那些学业成就低于自己潜力的学生(所谓低成就者,参见第2.2节)。另一个问题是,教师提名的天才儿童中男孩是女孩的两倍到三倍,实际上女孩与男孩中的天才儿童一样多。总体来说,研究表明,教师能发现所有天才儿童中的一半人,但是同时也会把很多非天才儿童当作天才儿童(通常采用智商标准作为天才的依据)。在所有获得教师提名的天才儿童中,有50%到70%并非天才儿童,相反只有约30%到50%是真正的天才儿童(Baudson, 2010)。

在学前阶段鉴别高天赋的人主要是父母，他们看着孩子成长，可以在很多不同的情景中观察孩子。有好些父母能够很好地评价自己孩子的智力，与教师一样，父母们的评价能力也很不相同。他们的评价常常发生类似的系统性扭曲（父母把儿子当作天才的概率高于把女儿当作天才的概率）。此外，父母们还倾向于高估孩子的能力，在许多情况下这是件好事。由父母发现的天才儿童看起来比由教师发现的要多，但是父母们把非天才儿童误认作天才儿童的比例也同样高于教师。有些虚荣心太强的父母非要自己的孩子是个天才儿童，但是大多数情况下无法证实这个偏见（Arnold & Preckel，2011）。

检验清单对于父母和老师有什么用？

通过父母以及教师评价来鉴别天才的成功率不高，这一点也不可能通过所谓的检验清单得到改进。所谓检验清单就是上面列出了天才儿童典型特征的单子，例如，"这个孩子经常会有原创性的想法或者建议，让人感到惊讶；孩子的语言表现力丰富、完善而且流利；孩子的观察力非同寻常"。检查清单基本上不适用于鉴别天才儿童，不仅父母用的检验清单是这样，教师用的检验清单也是这样（Perleth，2010）。为什么呢？其中列出的许多特征恰恰不是天才儿童的典型特征，就像前面所论述的那样，天才儿童是个差异很大的群体，而且对有些特征的表述也很不确切，如果要对某个论断进行评价，怎么选择取决于个人对"异常好"或者"经常"的定义。当然检验清单还是有些用处的,与相应的训练组合使用可以使人对某些特征更加敏感,对改进教师的评价可以起到帮助作用。

自我评价

许多天才儿童培养计划允许自我推荐,比如,德国中学生科学院或者研究基金会。但是,自我推荐的前提是个人可以恰当地评价自己的能力和成就。仔细看一下研究结果,例如,自己智力的自我评价与测试结果的关系,结论更多是让人感到失望,而不是受到鼓舞,通过自我评价得出的智力只能解释测试结果中不到10%的差异(Freund & Kasten, 2012)。与前面提到的对自己能力的自我设想一样,自我评价中只有一部分与实际能力有关。此外如果不是受到环境的鼓励以及支持(例如受到班级或者学校的鼓励),几乎没有人会毛遂自荐接受某个培养措施。但是,不同的天赋研究者恰恰认为,这里蕴藏着鉴别天才的潜力,因为人们通过创造相应的条件也可以有目的地朝着这个方向努力,让一个人发现自己的潜力,尤其是创造丰富而又开放的学习和活动环境这样的条件,在这样的环境中,人才能发现自己的能力,并且学会自信地去表现这种能力。

（学业）成就

如果可以通过成就来定义天才（如表现定义或者专长研究），人们当然很容易想到，鉴别天才时可以把成就纳入考虑。什么样的成就可以分别被看作异常好的成就取决于当时的社会环境（也可以参看第1章中斯滕伯格关于天才的标准）。如果要通过获得成就的极高潜力来定义天才，成就数据也可以提供有价值的指示，例如，要确定一个人是否发挥了自己的潜力，是否具备参加某个培养计划的某些条件，就可以用成就数据作为指示。如果刚好是要培养某个领域的杰出表现，除了天赋以外，还需要考虑相应学科的成就水平。专长研究或者专家与初学者的比较告诉人们，学习过程刚开始时更为重要的是天赋或者一般思维能力，随着学习的不断深入，基础知识和相关专业领域的经验会变得越来越重要。培养目标定得越是明确（例如，加深数学专业知识的学习），相关专业的基础知识、成就以及兴趣对获取培养资格所起的作用就越大。在选择那些对学习生涯有明显影响的培养措施时（例如，跳级或者转入天才儿童提高班），也需要进行成就诊断，以确定是否具备所要求的基础知识。

分数

人在生活的各个领域都可以做出成就，这里要讨论的是作为学业成就衡量尺度的分数及其对鉴别天才的价值。一方面，分数与智力成正相关，另一方面，也与以后的大学、职业教育和工作岗位的成就成正相关。内容一致性越高（如数学分数与大学工程类专业），关联度越高。但是总的来说，可以认为，单个分数没有太大的说服力。如果计算不同老师较长时间内给予的各种分数的平均值，例如，高中毕业考试分数的计算方式，就可以在一定程度上从学习成绩推断出一个人的天赋和学习能力。

具体怎么做呢？像任何成就一样，分数也受很多因素影响。分数不仅仅是为了反馈成就，也在履行许多其他的教育和社会目的，例如，纪律教育或者筛选。此外，老师们在评定分数时常常会以班级内部其他学生的分数为参照（社会参照标准），班级的学习能力越强，越不容易得到高分，因此跨班级比较成绩受到一定限制。总体上而言，分数、智力和其他成就之间的关联性波动很大，在汇总单个调查结果时，它们的关联程度最大只能是中等。虽然许多天才儿童在学习上表现很突出，但是并非所有高智力儿童都是学业成绩最突出的学生，同样也并非所有成绩突出者智力都很高。即使学业成就并不很突出，以后也可以在职业上很成功，这方面有几个很著名的例子。学业成就或者分数并非鉴别天才的可靠指示，但是正如本节开始时所述，成就或者分数可以用来指示一个人所掌握的基础知识，随着孩子的成长（参见前面"发展视角下的信息来源"

一节），培养越是针对出色成就以及特定领域，在用来指示一个人所掌握的基础知识时，分数就会变得愈加重要。

2.2 鉴别天才儿童面临的挑战

儿童的强项所在的领域越是受到社会环境或者学校的重视，天赋的范围越广，社交能力越强，天赋的发展得到家庭和环境的支持越多，他们的天才越容易被发现；天才儿童身上的上述特征越是少，其天才越不容易被发现。属于特定群体的成员，例如，性别、移民背景或者社会阶层，虽然这些与天赋和成就都没有直接关联，因为错误的先入之见，却会导致高天赋儿童得不到发现和培养。例如，国际中学生学业测试（PISA）研究表明，特别是在德国，受教育机会在很大程度上是由人的出身决定的。虽然天才儿童常常来自社会经济地位和教育水平高一些的家庭，但是这并非产生天才的唯一原因，如果天才儿童来自受教育程度高一些的家庭，也只是更有可能被当作天才儿童发现而已（Rost & Albrecht，1985）。如果儿童来自受教育程度低或者社会经济地位低的家庭，他们要发展成就以及让自己的特殊天赋得到认可，始终都会遇到各种各样的障碍。如缺少经济或者教育资源，父母花在教育孩子上的精力少一些，低门槛的咨询或者提升机会太少,没有榜样,社会偏见以及排挤。如果儿童来自移民家庭,除了可能存在语言障碍,或者在确定什么是值得追求的东西上存在的文化差异外,鉴别他们的高天赋还存在一个特殊问题,即几乎没有测试方法拥有针对非德语母语者的标准。社会经济地位较低或者属于少数群体可能还会给孩子带来目标冲突,尤其是个人的进步意味着要越来越多地疏远自己的家庭。性别也一直是鉴别天才儿童的关键因素,尽管男孩和女孩中天才儿童的比例一样高,但是接受天才儿童措施的男孩多于女孩。老师和家长会错误地认为,是男孩是天才,而不是女孩是天才(参看上一节"自我与他人评价"部分)。即使父母知道女儿是天才,他们也会避免像对待儿子一样让女儿处于要求更高以及可能以竞争为导向的环境中,如进入天才儿童班学习。

下面详细讨论在鉴别天才方面遇到的两大挑战,即高天赋"低成就者"以及有另一个"特点"的天才儿童,比如,部分成就差。

"学业低成就":如果天才儿童的学业成就低于其潜力

潜力是否能够转化为成就受很多因素的制约,这种看法适用于所有能力水平。相应地,由于各方面的原因,天才儿童中有些人的成就低于人们根据他们的潜力对他们的成就给出的预期。如果没有环境方面的原因（如没有接受培养的机会、父母离异），这种相对于天赋和环境而言与预期不一致的学业成就差的现象被称为"学业低成就"。一般而言，学业低成就是指学业成就与能力长期不相称（如至少持续半年），而不是指短期的成就波动或者下滑。能力与学业成就的差异达到多大以及存在时间多长，才可以定义为低成就，对于这个问题，目前人们可以参照的多是基准值，而不是普遍接受的标准。学业低成就可能在小学阶段就已经出现，可以涉及全部课程（普遍低成就）或者只涉及某个学科（学科低成就）。

学业低成就是问题吗？几乎没有人会把自己全部的潜力完全用尽。天赋高就必须取得特别的成就吗？对这个问题，人们完全可以有不同的看法（《南德意志报》旗下杂志，2009，在本书结尾部分还会再次讨论这个问题）。不过，对于学校环境中的高天赋低成就者进行研究后表明，这些学生感到不愉快，很明显，他们感到痛苦，出现严重情绪或者社会问题的风险很高。教育学以及心理学界一致认为，高天赋低成就者需要特殊帮助（Reis & McCoach, 2000）。一些人认为，媒体的报道给人的印象是，低成就是天才儿童的特殊问题。研究者中也有一些人认为，天才儿童中发生这个问题的人高达一半。相反，其他研究得出的结果要更为保守一些，他们估计这个数字为12%（Hanses & Rost, 1998）。汇总现有调查结果可以看出，后者更有道理一些，学业低成就并非发生于天才儿童身上的典型现象，而是只涉及一小部分天才儿童而已（也可以参看第3章）。天才男童出现低成就的概率是天才女童的两倍。

怎么鉴别天才儿童中的低成就者呢？老师大多会把高天赋与突出成就联系在一起，一般而言，如果天才儿童的学业成就不符合这个假定，他们的天才就无法被老师发现（Hanses & Rost, 1998）。高天赋低成就者也并非在任何情况下学业成就都极差或者甚至无法完成学业。他们的学业成就完全有可能处于中等水平，但是相对于他们的高能力，他们的学业成就完全不符合预期。在没有进行天赋诊断的情况下，通过智力测试发现这些"非典型"的高天赋低成就者的成功率很低。当前的学业低成就是多年累积的结果，在这个过程中天赋高的学生某种程度上"学会了"处于自己能力之下这种状况。这种发展往往要到小学快结束时或者中学开始时才会被别人发现（McCall, Evahn & Kratzer, 1992）。来到中学后，学习要求不断提高，要求高天赋儿童也要弄懂一定的内容，但是他们缺少掌握这些内容的基础知识和策略。除了学业成就低于平均水平、在不同时间段的学业成就相差很大以及各个学科间的成就相差很大外，低成就者大多还会对学校和学习持极其消极的态度，并强烈反对人们对他们的高期望。他们经常不相信自己可以通过自己的能力在学校取得突出成就，同时他们也做不到，在遇到难度大或者自己不感兴趣的任务时自己激励自己或者立下有约束力的决心以及目标("不想学会";Baumann, Gebker & Kuhl, 2010)。所有这些观察都会导致人们得出学业低成就这样的猜测,这个猜测可以而且也应该通过心理测试方法加以验证,通过这些方法一方面可以找出学业成就差的原因(标准化学业成就测试),另一方面,也可以客观地测定智力能力(智力测试)。

"双重例外":有另一个"特点"的天才儿童

鉴别天才本身就不是一件容易的事情,如果还要进行其他诊断,就会更难。虽然天才儿童中干扰征象(如影响学习或者成就行为的那些)的存在并不比一般儿童中更为普遍,但是也不是更少。因为两种特点可能叠加,这种双重诊断(英文中称作"双重例外")具有很大的挑战性,因此也许两个例外都无法发现(Lovecky,2004)。患有读写困难症的天才儿童起初还有可能通过自己的高天赋以及好记性抵消很多问题,但是一旦要求很高,抵消策略就无法继续奏效。如果教育只片面地关注干扰征象及其治疗,而不是同等程度地关注孩子的强项,老师往往就不会觉得其天赋高。

"双重例外"的特征

正因为"双重例外"者的一大共同点是其学习者特征的独

特性，而这些特征会使强项和弱项相互掩盖，所以鉴定他们的高天赋特别困难。他们身上同时"存在天才儿童和弱智学生的人格特征，一方面，作为天才儿童他们具备取得突出成就的潜力；另一方面，作为弱智者他们感到学习的许多方面很吃力"（Brody & Mills，1997，第282页，作者译）。这个矛盾隐藏着冲突潜力，随着学习要求不断提高，要借助高天赋抵消问题并保持适当的成就水平就会越来越困难。但是等到实实在在地意识到问题时，已经浪费了很多时间，这些时间本来可以而且必须用于参加有针对性的培养。因此建议老师和父母一旦发现各个不同能力领域的发展不均衡迹象（不同步），就要警觉起来。"愿望"（指感知到的潜力）和"能力"（指实际成就）之间的差异常常会让人感到很沮丧，无论是儿童以及青少年自己，还是老师和家长，都会感到很沮丧。对于不能取得突出成就或者学习上有严重困难的人来说，几乎不可能获得天才儿童培养的机会。

差异诊断学：注意力障碍（合并多动症）[AD(H)S]

到底是亚斯伯格综合征患者（Asperger）还是天才？

除了做出准确的双重诊断这个困难，差异诊断是确定天才儿童的另一个主要方面，所谓差异诊断就是从一系列可能的诊断中找出正确的诊断。有些天才儿童的行为方式看上去与某些干扰征象非常相似，让人很容易把两者混淆在一起。其结果就是，把"正常的"天才征象诊断成了干扰征象，或者刚好相反。下面详细讨论两个挑选出来的领域，即注意力障碍和亚斯伯格症候群。

<u>注意力障碍（合并多动症）[AD(H)S]</u>，注意力障碍（ADS）或者注意力障碍合并多动症（ADHS），是目前诊断出的儿童期最常见（并非总是正确）的干扰征象；曼德尔（Mandell）和同事的追踪研究表明，在1989年至2000年，注意力障碍合并多动症（ADHS）诊断增加了381%。就这点而言，老师和父母们首先认为这种征象更像注意力障碍而不是天才行为，也不奇怪。诊断注意力障碍包括两个部分：(1)注意力不集中，(2)冲动性与多动症。参照症状的类型和突出程度可以对注意力障碍进行详细分级。

实际上，初看上去，天才儿童和有注意力障碍的儿童有几个共同点：注意力不集中，不安静，冲动，不听话，结果有可能是学业成就差或者社交困难（Webb等，2005）。注意力不集中的儿童在任何场合都会出现相应的行为方式，如果是天才儿童，其原因可能是活动不能满足其智力活动需求。DSM-5（一本通用的心理障碍诊断和分类手册）也考虑了上述情况，手册把高智力时缺少刺激作为注意力不集中的可能原因考虑了进去。天才儿童完全"可能"不同于普通儿童，也就是说，表面上看行为方式相同，但是原因却不一样，例如，注意力不集中

的普通儿童之所以不遵从规则，可能是因为他们不清楚具体情境中的规则是什么，而天才儿童之所以不遵守规则，是因为他们经过批判性质疑之后轻蔑地认为这些规则没有意义。

因此最重要的区别标准是行为的情景特定性，如果这些征候消失，天才儿童觉得活动能够满足自己的智力需求，则不能把有些东西作为注意力障碍（合并多动症）[AD(H)S] 的诊断依据（与此同时要对双重诊断，或者是否存在完全不同的其他问题认真进行检查），绝不可以为了原谅不适当的行为而把天才这个因素考虑进来，长期看来这样做并不是在帮助孩子。

亚斯伯格综合征：按照世界卫生组织编写的ICD-10诊断和分级手册，亚斯伯格综合征被认为是深度发展性障碍，是所谓自闭症谱系中的一种障碍。上面提到的DSM-5手册为诊断亚斯伯格综合征假定了两个主要特征：①影响社交与交流；②定型的重复行为、兴趣与活动模式以及对变化的敏感性，结果是影响社交情景中的行为。总体上看，自闭症的诊断数字与注意力障碍的诊断数字都有显著增加，这一点很相似，根据曼德尔（Mandell）和同事的报告，诊断数字在过去11年内增加了358%。

怎么会发生这种把临床干扰征象与天才混为一谈的事情呢？下面的特征出现于两类人身上，对事件和事实有着极好的记忆力；流畅而又"早熟"的语言表达；不停地说话或者提问题；对刺激高度敏感；喜欢谈论关于公正的问题（患有亚斯伯格综合征的人谈论该问题时更为理性,而不是感情用事);发展不均衡(非同步);有时兴趣非常专一,可能确实会"深陷"其中(Webb等,2005)。[2]这两种现象又可以通过情景特定性加以区分,患有亚斯伯格综合征的儿童在与人交往时普遍比较笨拙;如果天才儿童是在和自己有着同样激情的人交往,他们的这种笨拙行为则是随时处在变化之中。社交能力是天才儿童普遍具有的一种潜力。但是他需要一定的社会环境才能把这种潜力转化为表现(Baudson,2010b),如果有这样的环境,就不太可能与亚斯伯格综合征混淆在一起,因为亚斯伯格综合征患者的社交困难是不分情景的。另一个区分标准是接受不同视角的能力,亚斯伯格综合征患者几乎没有能力"从外部"审视自己,天才儿童熟悉社会情景的运行方式,可以体会别人对自己的看法。如果说起自己的兴趣,天才儿童能够表达自己的兴奋(至少是能够表达对与自己的激情一致的、自己也感兴趣的"亚文化"的兴奋),而亚斯伯格综合征患者觉得表达自己的兴奋很困难(他们的兴奋对象有时是异常的东西,比如,煎锅或者洗衣机)。

差异诊断学的困难不仅限于这两个干扰征象,亚斯伯格综合征患者在行为异常(例如,具有对立性抗拒行为的障碍)、情绪障碍(例如,单向抑郁以及双向抑郁)、强迫障碍或者在类似事情上会表现出与天才儿童行为的相似之处。最后还要再次强调一下一个关键区分标准,即注意力不集中、亚斯伯格症候群或者学习障碍,所有这些干扰征象首先是存在问题的方面以及由此产生的潜力发展道路上的障碍,而天才则是一种不容低估的资源。恰恰是在面对双重诊断时需要激活这种资源,以便尽可能广泛地抵消(或者甚至利用其为自己服务)由于干扰产生的问题。

2.3 一朝是天才,永远是天才?

如前所述,从发展视角看,看待天才的角度也会随着年龄发生变化。一方面是从天赋视角到成就视角的改变,另一方面,评价焦点由宽泛的潜力转向特定领域的天赋或者专业知识。面对这个改变,人们会问,是把同一些人在不同生活阶段都认定为天才人物呢,还是随着年龄的变化发现不同的天才人群呢?我们的回答是,不仅可以是前者也可以是后者。如前所述,原来发明"天才"这个建构是为了解释非凡成就,相应地,把天才定义为非凡的潜力。非凡的潜力到底是什么也取决于个人的生活状况,尤其是一个人可以为发展自己的能力投入多少时间和资源。如果有很多资源可以使用,而且基本上拥有发挥自己潜能的条件,对成年人也仍然可以使用天才的天赋定义模型(指一般性高智力)。要在一些领域取得成就,需要对其内容和要求进行长达数年的研究。如果一个人从来没有从事过这方面的研究，那他就没有相应的基础知识，随着年龄的增长，还能够学到这些知识的机会就会下降。年轻人必须到教育机构接受教育，而成年人则必须更多靠自己的努力。此外，成年人还有很多其他事情要做，而做这些事情会与发展自己的能力争夺资源。

由于高智力是大多数天才定义的最小公约数，这里对上面的那个"不仅而且"回答再次在这个背景下探讨一下。智力有着极高的位置稳定性，相对于代表自己的参照人群而言，一个人在智力分布中的位置从青少年起一直到年龄较大的时候都相当稳定，例如，一个男青年按照智商定义（智商高于130）被确定为天才人物，那么他在成年后也极有可能是同龄人当中最聪明的人之一。除了位置稳定性还需要注意所谓的水平稳定性。与位置稳定性不同，水平稳定性（或者群体中的位置稳定性）与群体数据无关，观察的是同一个人在不同时间进行的智力测试中取得的结果的稳定性。智力可能会随着时间发生明显改变，年龄越小，变化越明显。从五岁开始智商测试的结果才足够可靠，更具说服力。即使是年龄稍微大一些的孩子，他们身上还有很多东西会发生变化，尤其是受教育的影响，因为智力一定程度上也受到教育的影响。学习机会与学习能力相互作用，这样看来，把天才理解得太僵化不合适，即使是按照某个智力定义也是一样。只要一个人还在社会的正式教育体系中（学校、职业学校、高等学校）接受教育，就不能认为其智力高低（智力水平）已经足够稳定，因此也就不能给出长期的"天才诊断"（Rost，2010）。如果在具体决定中需要智力测试值，应该使用最新测试结果。相应地，基于学前阶段的测试结果认定一个孩子在整个教育生涯中都是天才儿童，这种做法意义不大。一朝是天才并非永远是天才。由此看来，在与孩子交往时，建议不要使用"聪明或者不聪明"这样的字眼，而是应该补上具体内容，即给出孩子的具体需求和能力。

第三章　　天才儿童的特征
　　　　　　——假象与事实

3.1 外行理论与偏见

正如斯滕伯格在确定天才标准时得出的结果一样（参见第1.2节），在大街上问过往的行人，什么样的人是天才，得到的回答五花八门，大多数人看起来对这个问题还是有话可说。这种外行理论并非总符合研究结果，这些"天真"的看法常常深受媒体传播的刻板印象的影响。电视上或者电影里很少把天才人物当作普普通通的人呈现给大家。相反，更受欢迎的故事是神童的故事或者天才儿童成为逃学者，这些天才儿童虽然智力很高，但是从社会角度看，无法适应社会，或者是疯癫的天才。读者们对于电影《美丽心灵》或者《心灵捕手》可能并不陌生。这些艺术加工总体上来说会影响人们对天才儿童的认识，也是因为，刻在人们脑海中的主要是那些不同寻常的事件，而这些东西恰恰未必能够代表天才儿童群体。

内隐理论

人们会由天才这样的概念联想到很多东西，而这并非有意识的行为，一般而言，每个人的联想都不一样。这种联想性思想网络被称为"内隐理论"，与以理论思考和源自实践的事实为基础的专家学识不是一回事。就算事情是这样，斯滕伯格（Sternberg）和张（Zhang）还是挑衅性地向人们抛出了一个问题，即为什么要对像外行理论这种缺乏理论基础的问题进行研究呢？答案显而易见，因为天才儿童在日常生活中遇到的主要是外行以及因此而产生的潜在偏见。许多研究报告表明，内隐理论对思维与行为的影响很大。当外行们的决定影响到天才人物的成长时，内隐理论就会发挥作用。

如何理解内隐理论？

人们往往并不清楚，自己对问题的看法受到偏见的影响。即使是科学家也不可能不受这些刻板印象的影响。这些个人联想是如何产生的呢？其中一个可能性就是所谓的"虚构情景"，即对虚构人物的简短描述，虚构情景技术允许根据问题系统地改变人的特征（如一个人是否是天才人物）。在对真实人物进行评价时，可能出现这种情况，即他们的个性特征可能会扭曲整体评价，例如，如果认识某个热爱体育的天才人物，这可能导致我们对天才的体育能力整体上评价过高。而这种虚构情景有多个优点，其一，它可以保证所有接受调查者得到的信息都是一样的；其二，可以系统地改变人的特征。也就是说，可以"设想"所有的组合情况，并找出特征之间的相互作用。可以让别人按照选择出的特征对虚构情景中描述的人物进行评价。

老师是如何看待天才儿童的？

在虚构情景研究中，我们研究了老师关于天才儿童的内隐人格理论，对所描述儿童的三项特征做了系统改变：即能力水平（天才/一般），性别（女孩/男孩）和年龄（8岁/15岁；参见 Baudson & Preckel，2012b）。所描述儿童处于典型的学校环境中，然后要求老师对这个儿童进行评价。总共8个可能的虚构情景（能力水平×性别×年龄）被随机分配给了每个老师。以下是例子：

> **虚构情景："高智商8岁女童"**
>
> 斯特凡妮在某班上小学，从一年前开始她给该班上课。
>
> 斯特凡妮8岁，是个天才学生。
>
> 今天，给该班上课的老师最后一节课生病了。
>
> 斯特凡妮接过了最后一节课的教学任务，允许班里学生自主安排或者写家庭作业。

为了评价这个孩子，给老师们发放了标准化人格量表。从以下5个方面可以很好地描述一个人的人格：神经质（与情绪稳定相反），外向（与内向相反），开放性，宜人性和尽责性。智力作为天才的核心特征与开放性联系最为密切，与其他因素关联度很低或者没有关联。观察了老师们对虚构学生的评价过程后，我们得出了令人惊讶的印象，对被认为是天才儿童的孩子，尽管老师们评价时都认为他们比智力一般的孩子对新体验的心态更为开放些，但是老师们同时认为天才儿童的情绪稳定性要低于一般孩子，更为外向，但不是很平易近人。从总共321位老师的视角看，天才儿童心态开放、聪明，而他们的社交以及情感能力不是很强。被描述孩子的性别和年龄没有上述5个因素那么大的影响力。

和谐假设与不和谐假设

天才儿童虽然智力高（而且通常能力也很强），但是这会成为他们社交与情感能力的负担，这种看法就是研究人员所谓的"不和谐假设"。不和谐假设的产生可以追溯到古希腊罗马时期，这种思想在文艺复兴时期，尤其是在19世纪又被人们拿来继续进行研究，例如，意大利精神病医生切萨雷·龙勃罗梭（Cesare Lombroso）肯定是不和谐假设最极端的代表者，在他的著作《天才与疯癫》中，他认为，天才人物接近他所说的"退化性"个体，比如，罪犯或者精神错乱者。第5章要提到的刘易斯·M.推孟的观点完全相反，他的和谐假设认为，天才儿童在几乎每个方面都要优于一般人，事实上推孟的研究结果看来也证明了这一点。

在第二次世界大战和1968年运动后,德国的天才儿童研究于20世纪80年代开始再度活跃起来。起初人们感到很惊讶,好像不和谐假设的代表者还是有道理的,许多研究结果都指出,天才儿童出现社交和情感问题的概率更高一些。许多问题被轻率地认为是"天才儿童特有的",但是造成这种错误认识的原因却毫无新意,被调查的人不能代表整个天才儿童群体,这是天才儿童研究遇到的许多方法方面的挑战之一,本章后面一点还会再次讨论这个问题。

3.2 天才儿童实际上是什么样的?

即使上面已经说明,不能完全通过人格本身来确定天才概念,但是与人格有关的视角仍然是心理学研究的核心方面。在此要对这个方面做进一步的研究,虽然对天才人物的整体认识总是需要考虑他们当前以及过去的生活状况,但是为了驳斥上面所提到的偏见,并培养支撑天赋的人格特征,源自实践的调查诊断也是很重要的一点。

方法论挑战

为了避免上面所提到的如何解释研究结果的问题，并弄清真正的天才儿童到底是什么样的，需要进行有代表性的抽样调查。如果只研究前往咨询处或者加入各种协会的天才儿童，就会扭曲人们对天才儿童的印象，就好像要以前往婚姻咨询处的人为依据对婚姻关系的普遍结构与变化进行阐述一样。可以认为，与此类似的部分抽样调查存在系统性方面的特殊性，也就是说，其调查诊断结果未必能够代表所有天才儿童。但是鉴于天才现象的罕见性，要做到抽样具有代表性并不容易，因为根据智商标准天才人物只占总人口的约2%到3%，如果总样本为1000人，理论上讲，智商达到130及以上的人最多只有30人。真正有代表性的研究需要耗费大量的时间和费用。就算是在经常遇到天才人物的地方调查，看起来很方便，也要注意样本的选择不能发生扭曲，这样才能做出有说服力的论断。其他方法方面的挑战以及选择包括如下几个例子：

对自己天赋的了解：天才人物这个"标签"本身就会影响调查结果，例如，周围人会认为天才人物应该具有某些人格特征（见前文），或者天才人物自己认同某些思维定势，并按照该定势行事（或者恰恰不是）。

客观/可以理解的天才定义："天才人物"这个定义要以可以让人理解的标准为依据，其中包括智商测试结果，但不必局限于此。

采用追踪研究方法：多次调查研究参加者的好处在于，可以理解一段时间内的发展变化（如天赋是否稳定）。相反，只提取一次数据的横向研究只能指出哪些现象是一起出现的，无法就共同原因或者一定时间内的相互影响（如智力是否可以用来预测能力的发展）做出论断。

观察还是干预：外部干预会影响人的变化，在有干预的情况下无法观察天赋的"自然成长过程"。调查哪些方面，总是取决于研究要回答的具体问题和设定的目标。

把各种信息来源包括在内：调查的人不同，得出的印象也会有所不同。因此有必要把其他的信息来源纳入考虑（除了孩子，也可以调查父母以及老师），从而得出尽可能全面的看法。

适当的对照人群：尤其是当要对天才儿童与一般儿童进行比较时，两个小组在其他相关特征上应尽可能相似。如果两个小组的社会经济地位不一致，这个不同（而非天赋本身）也会成为研究中所发现差异的原因所在。

天才儿童的人格

人格由很多相互影响的特征构成，大多数情况下会分别观察认知（智力）和非认知（狭义上的人格）特征。这种观察方法也适用于天才儿童研究，我们已经知道，突出的认知能力是天才儿童的一大核心特征，那么接下来我们感兴趣的问题是，天才儿童与智力一般的儿童在非认知特征上是否也存在类似差异，这些非认知特征之所以意义重大，是因为它们在潜力转化为能力的过程中起着决定性作用。因此天才儿童群体内部的人格差异就可以（至少是部分可以）解释，为什么在起始条件相似的情况下大家的"成就"（无论怎么定义成就）会不一样。

"大五"人格理论

前面已经介绍过老师是如何按照"大五"人格维度来评价天才儿童的，即神经质/情绪稳定，外向性/内向性，开放性，宜人性和尽责性。现在要讨论的问题是，这种评价的正确性如何。由于对天才的定义五花八门，要回答这个问题不是那么简单。令人吃惊的是，对智力一般儿童的人格研究多一些，而对天才儿童的人格研究很少。但是对于人格与智力的关联关系已经有大量研究，而智力在许多天才定义中起着重要作用。因此下面在每段开始先介绍智力与"大五"人格之间静态关联方面的研究结果，这些关联涉及天赋的各个领域，然后分别讨论这些调查结果对于天才人物人格的意义。

<u>开放性</u>：老师认为天才儿童的心态更开放一些，这一点与源自实践的调查结果的情况一致。心理学家科林·德扬（Colin Deyoung，2011）综述道，智力与开放心态的关联度整体上处

于平均范围内，如果仅就语言智力而言，关联度要更高一些。"思想的开放性"是开放性这个人格维度的一个方面，这一点与认知动机（也就是说乐于思考问题，需要认知挑战）关联度很高。在第2章我们已经指出，关于认知动机和天才的调查结果还很少，但是它们之间存在联系却是很有可能的。总体上可以认为，天才儿童对于新体验的开放性要更高一些。

神经质/情绪稳定性：到目前为止，无法证实智力与情绪稳定性之间存在直接关联。对天才儿童的专门研究表明，与接受调查的老师给出的评价相反，天才儿童的情绪稳定性甚至要更高一些。就对心理障碍的敏感性而言，他们与一般智力儿童没有差异。比起普通儿童，他们对一般性恐惧的感受更低一些，对考试恐惧的感受明显低出很多。此外，整体上来说，天才儿童的健康状况或者对压力的体验与一般智力儿童也没有多少不同（Zeidner & Shani-Zinovich，2011）。

这个人格特征之所以重要，还因为它与心理健康和克服压力有关联，而这种关联反过来又会影响天赋向能力的转化。对各种智力水平的芬兰新兵的研究结果初步表明，高智力可能会拦截神经质的负面效应，从而起到保护作用（Leikas, Mäkinen, Lönnqvist & Verkasalo, 2009）。这个结果是否以及在多大程度上可以在专门针对天才儿童的研究中得到证实，还不得而知（但是人们对此充满期待）。

宜人性：平易近人与认知能力并没有系统性联系

(DeYoung，2011)，在这一点上，接受调查的老师的评价与源自实践的调查结果也不一致。智力对一个人是否平易近人、热情或者礼貌没有影响。但是却与攻击性成负相关，而攻击性可以看作平易近人的反面。可能有（尤其是有语言）天赋的人比起智力一般的人有更多的机会通过非暴力方式解决冲突。

如果把天才儿童与智力一般的人直接进行对比，得出的结果不统一。对以色列天才人物进行的研究表明，这些人一般而言实际上不像智力一般的人那么平易近人，研究对象包括三类人，即被确认为智力很高的人，被确认能力很强的人以及参加了专门天才计划的人（Zeidner & Shanni-Zinovich, 2011）。虽然上面的研究样本选择得很好，但是心理学家苏珊娜·席林（Susanne Schilling, 2009）在马堡天才儿童研究项目中对同侪关系（这种关系受到平易近人人格的影响）进行研究得出的结果也许更具说服力，研究表明，天才儿童总体上而言与同龄人相处得很好，但是与智力一般的人在细节上有区别。

尽责性：接受调查的老师认为天赋水平与尽责性之间没有关系，这与源自实践的调查结果的情况相当接近（Ackermann & Heggestad, 1997）。但是这两个因素对于教育成果有着根本性影响，在这方面天才儿童的情况比较特殊，只要要求不是很高，天才儿童由于自己能力很强完全不必认真地按计划集中精力学习，而智力水平低一些的同龄人可以通过勤奋和安排好学习抵消智力上的不足（Schütz, 2009）。不用很努力就可以达到学习要求,这种情况也会带来不利的一面,有些天才儿童在从未遇到过挑战的教育体系中可能从未真正"学习过怎么去学习"。将来有一天学习要求高了,仅靠高天赋无法达到这些要求,就需要通过认真学习提高学习能力,从而保持住高成就水平。反过来,与不太聪明的人相比,更为聪明的人把未来才会有回报的价值看得更重要一些,而这反过来又使他们更容易取得长期成就,这种长期成就与更长的"饥渴距离"密切相关(DeYoung, 2011)。总体上来说,人们认为,天才人物与智力一般的人在尽责性方面几乎没有区别,这个调查结果的情况相当稳定。

外向性与内向性:大多数研究认为,这个人格维度与认知能力没有系统化的关联或者关联度很低。马堡天才儿童项目的一项研究发现,智力一般的人尤其认为自己不是很害羞,而天才儿童、成就突出者以及成就一般者在这方面的数值基本一致,成就突出者在这一项上的数值最为突出。在"主动而且外向"这个量表上他们之间几乎没有区别(Freund-Braier, 2009)。人们原来认为,天才儿童特别内向,这个偏见并未完全得到证实,因为成就突出者和成就一般者也有很内向的。

高度敏感和过度活跃

从上面对智力、天赋以及人格的调查结果可以看出,天才儿童更具开放性,而且情绪上更稳定一些。相反,相关指南类读物经常指出，天才儿童特别敏感（或许也与这些指南研究的目标人群有关）。美国心理学家伊莱恩·阿伦（Elaine Aron）提出了测定"高敏感人"这个建构的方法，并且把它与其他人格特征联系了起来（如Aron & Aron，1997），她认为高度敏感的原因在于，当事人的神经系统特别容易兴奋。不管是阿伦自己还是其读者常常都认为，"高敏人群"智力很高，但是到目前为止还没有这方面的系统研究。

认为高度敏感与高天赋有关联，这种思想由来已久。在天才儿童研究中（这里尤其指天才儿童咨询方面），大家特别赞成波兰心理学家卡齐米日·达布罗夫斯基（Kazimierz Dabrowski）的"良性解体理论"。人们一般认为恐惧、压抑以及紧张这些症状是负面的，达布罗夫斯基（1964）把这种症状看作是人对自我的继续发展有自控能力的标志。他认为，有着极高发展潜力的人是三个特征的有利组合，即（1）高天赋（智力）（2）特别敏感（过度活跃）以及（3）追求成长与自治这个所谓的第三个因素。在发展潜力足够高的情况下，这些组合的解体是不可避免的，解体的表现是，人对自己直至目前的状态提出质疑，对这种状态的"消解"感到恐惧和紧张。在成功克服这些问题后，人会在更高层次达到三个特征的整合，并继续向"理想自我"这个目标靠近。

"过度活跃"（"Overexcitabilities"，OEs）在天才儿童研究中备受重视。达布罗夫斯基自己认为过度活跃有5个突出表现，这些表现是与相应的经历特征和行为特征一起产生的（这里举例列出）：

1.智力方面的过度活跃：对智力刺激的高需求，喜欢理论分析，渴望发现知识；

2.情绪方面的过度活跃：对感觉的强烈体验；

3.想象力方面的过度活跃：突出的想象力，幻想；

4.心理运动方面的过度活跃：强烈的运动欲望，精力充沛；

5.感知方面的过度活跃：对感官印象的强烈感受，"过度敏感"（也许这是与上面讨论的高敏感人群的最大相似之处）。

达布罗夫斯基认为，天才儿童的特点是5个领域都表现出突出的过度活跃性，最重要的是智力、情绪和想象力方面的过度活跃，仅在心理运动方面或者感觉方面过度活跃不足以支持人格的发展。但是源自实践的调查结果的情况却不一致，虽然在各种比较研究中，天才儿童的数值大多数高于一般儿童，但是这些差别并不总是集中在同一个方面。不同的研究甚至认为，天才儿童与普通儿童在心理运动性过度活跃方面的差异最为明显（参见对目前调查结果的汇总，Mendaglio，2010），而且天才儿童与高成就者彼此之间也非常相似（Wirthwein & Rost，2011）。

总体上说，仅依据过度活跃的程度并不足以确定天才儿童。公正地说，要补充的是，不能把达布罗夫斯基的设想完全等同于基于智力的天才定义。达布罗夫斯基认为，高天赋是接近理想自我这个目标的必要条件，并非充分条件，也就是说，发展潜力，或者达布罗夫斯基所说的天才，涵盖的内容要多得多，而不是仅限于高智力一项（Mendaglio，2010）。

自我概念和自我价值

自我概念是指人对自己人格的看法，与个人的自我感知有关，这种自我感知来自于对环境的体验以及对体验的个人解释。在研究中，人们一再认为，自我概念是分层次的，也就是说，存在一般自我概念，其很大程度上是整体印象，也即人对自己的总体评价（例如，认为自己好，总体上对自己感到满意）。一般自我概念包含各个领域，例如，学业、身体或者社交方面的自我概念，每个领域又可以细分出更为专业的各个方面（例如，学业自我概念内部又可以分出数学或者语文自我概念）。

这种自我概念模型的结构支持对天赋进行全方位比较，部分区别在于自我概念这个多面体各个面的突出程度不同。像预期一样，天才儿童的学业自我概念更为突出（同样符合预期的还有低成就者例外）。如果天才在一般自我概念方面存在正向差异，那么产生这种差异的主要原因是天才儿童的学业自我概念更高一些。在身体自我概念方面，部分较小的负效应对天才儿童不利。而在社交自我概念方面，天才儿童与普通儿童没有差异，这一点可以看作反对不和谐假设的证据。

研究同时也证实自我概念存在性别差异。与传统性别角色一致，男孩的数学自我概念更高一些（从小学一年级开始就已经存在这方面的差异），天才儿童在这方面的差异看起来比一般儿童更加突出（Preckel, Götz, Pekrun & Kleine, 2008）。

自我价值是指人怎样评价自己（普遍而言或者在某些专门领域），是自我的感情分量。从理论上对自我概念与自我价值进行区分不是很容易，有时也会把两者等同起来。总体上说，自我价值和自我概念之间成正相关。与高天赋成就突出者相比，高天赋低成就者的自我价值通常更低一些。总体上看，对天才儿童与一般儿童的自我价值进行比较可以看出，两者在普遍自我概念或者自我价值方面不存在系统性差异。与有些偏见或者担心相反，天才儿童不认为自己"更好"，只是在成就领域他们的自我概念更高一些。（通常也不是没有原因！）

完美主义

完美主义的本质好于其声誉，在日常语言使用中，人们把完美主义理解为强迫自己顽固地去追求无法企及的目标，这只是事情的一个方面而已，除了这种不适应（神经质）的一面，完美主义还有所谓的自适应（健康）的一面。两种情况的共同之处在于，人们把目标定得很高。目标无法实现时，两种情况之间的差异会变得很明显，神经质的完美主义者不容许自己犯错误，而自适应完美主义者则会把失败看作信息来源，从而灵活调整自己的目标。神经质的完美主义会给自己带来更大的压力（来自害怕犯错、由此产生的工作压力以及失败对自己自我价值的不断威胁）。相反，自适应完美主义者对成功充满信心，而且乐于追求很高的目标并取得突出成就，他们的自我价值并非完全以成就为衡量依据，而且整体上也更加稳固。

人们一般会在背后说天才儿童喜欢追求完美，完美主义对他们有什么影响呢？令人欣喜的是，神经质的完美主义很少发生于天才儿童身上，而自适应完美主义在天才儿童中比在一般智力的儿童中更为多见。也就是说，天才儿童总体上更加追求完美，但是大多却是完美主义的积极形式在他们身上表现得更突出一些。

动机

就天才研究而言，人们对动机可以有不同的概念。对于专注于潜力向能力转化过程的研究模型（如加涅的差异化天赋与天才模型；参见第2章）而言，动机是促进潜力向能力转化的催化剂。在伦朱利的三环模型中，除了能力与创造性，动机也是天才的前提条件之一。与此相反，有些人则把动机理解为天才的一种独立类型（"动机天赋"），随动机天赋而来的成就不仅很好而且很突出（Gottfried & Gottfried, 2009）。

动机可以分为两种，外在动机是指一个人做事的推动力来自外界（或者是因为要得到优势或者回报，或者是因为作为群体的一部分把社会目标内化成了自己的目标，或者完全是因为其他人期待一个人这样去做）。相反，内在动机的特点是，一个人做事情的推动力来自自己，或者是因为任务本身很有趣，或者是因为追求对自己而言很重要的标准。就学习动机而言，天才儿童一般认为自己做事的内在动机更强烈一些，并且更喜欢任务有挑战性、有难度以及新奇性，之所以这样，是因为各个不同方面一同在起作用，例如，不屈不挠（参见上面关于尽责性人格的调查结果），好奇心（乐于思考、学习目标导向以及任务选择）。

就天才研究而言，挑战因素非常值得研究（也可以参考第4章"培养"）。根据所谓的期待乘价值模型，动机即对成功的期待（达到目标的可能性有多大），是两个因素的计算结果。成功概率随能力增加，天才儿童具备取得成功的良好条件，并且也认为自己比一般儿童能力更强。主动付出的意愿越高，成功率也会随之上升，像上面简要讨论人格方面的尽责性时所说的一样，付出意愿也与任务带来的挑战有关。保持动机与付出意愿的最佳任务是，问题虽然有些难度，但通过努力还是可以解决。相反，衡量达到目标的价值的依据是，由于达到目标而得到满足的动机对人是否有意义。人们一般认为有三种基本动机，即成就动机（想取得成就）、权力动机（想获得影响）以及接纳动机（想被其他人接纳）。想要把任务完成好，首先需要成就动机，例如，某个青年想要获得好分数，从而让别人喜欢自己，接纳动机也会起到一定作用；但是如果取得成就的意愿被其他人认为"不酷"，而且所追求的主要是得到那些认为成就并不重要的同伴的认可，那么成就动机也不是最重要的。也就是说，如果取得成就有可能，而且受到重视，才会产生成就动机。

控制力是动机研究的另一个方面，据此看来，高天赋成就突出者具有更强的内在控制力，他们觉得自己并非完全无助的"命运的皮球"，而是更加相信自己可以掌控各种情况。相反，高天赋低成就者更多依赖外在控制力，他们觉得自己的命运并不掌握在自己手中。由此可以看出，控制力影响着潜力最终在多大程度上能够转化为能力。成就突出者与低成就者的对比结果支持上述调查结果。

归因指因果解释过程（如为什么有成就或者没有成就），也是动机心理学研究的重要领域。截至目前的研究表明，总体上看，天才儿童的归因比一般儿童的归因对自己的发展更为有利，天才儿童更多地把成就归结于自己的能力，把失败归结于外部可变因素，尤其是认为自己学到的东西太少（Assouline, Colangelo, Ihrig & Forstadt, 2006）。高天赋低成就者的归因非常值得研究，他们把失败几乎完全归结于外部原因，也就是说，他们认为失败的"责任"不在自身，这一点与人们的猜测一致，他们认为失败是因为处境不利，或者是人们常说的"运气不佳"。恰恰是这种归因方式使得低成就者无法得到提高，如果一个人觉得自己无法改变失败的命运，那他也就不太会尝试着去改变这种情况。

就动机研究而言，还要注意人们追求的目标是什么。主要有两种动机目标取向，即学习目标取向和成就目标取向。学习目标取向更突出的人为自己定的目标是，再多学些东西不断提高自己，他们更多是参照自己以前的成就来评价当前的成就，并且以此检查自己又学到了什么东西，认为成就和能力可以通过努力来提高。相反，成就目标取向更突出的人想尽可能地成为榜样，因此总是把自己的成就拿来与其他人比较，他们认为成就首先源自能力，能力几乎不是通过努力就可以改变的。成就目标取向又可以细分为两个方面，即接近因素和避免因素。持接近观的人追求成就，他们想要比其他人更好，并且喜欢表现自己的能力。相反，持避免观的人认为，重要的是，自己不能比其他人差，如果自己犯了错误，尽可能不要让其他人知道。可以认为，"避免"风格的人承受的压力更为明显，调查结果恰好也证明了这一点。只要他们一直很成功，他们的这种目标取向就不会出问题，但是如果遭到失败，问题就会很严重，"避免者"倾向于把结果差归结于自己无法施加影响的情况，或者是认为自己能力不足。在这些情况下，他们觉得自己很无助，这种模型与高天赋低成就者的归因模型相似。相反，高天赋成就突出的天才儿童有着更为突出的学习目标取向与接近成就目标取向，长远来看，这种突出的取向对成就与心理健康更为有利。尤其是就第1.2节讨论过的需要长期训练才能获得的专门知识而言，可以明确看出，错误是成长为专家的道路上不可或缺的学习机会，为提高并完善自己的能力提供了各种可能性，也就是说，避免犯错误很大程度上而言是无益的。

值得注意的还有对性别差异问题的研究，尤其是对不同学科（这里主要指数学）的性别差异。调查显示，女孩整体上学习数学的动机不是很高，天才女孩在这方面也不例外。天才男孩把数学方面的成就更多归因于自己的能力，而天才女孩为此列举的首要原因是努力（Assouline等，2006）。这种归因与老师们的归因一样，也可能是女学生受到了老师归因的"感染"。此外，在上面提到的目标导向上也存在性别差异，根据该归因，天才男孩比天才女孩的成就目标导向更为突出，而两者在学习目标导向方面没有区别（Finsterwald & Ziegler，2002）。

总而言之，天才儿童的动机可以被评价为积极，尤其是在挑战与他们的能力适当，而自己又对主题感兴趣（与价值联系在一起）的有利条件下，他们愿意学习，有内在动机而且愿意投入精力。高天赋低成就者是个例外，他们认为外部控制力对自己成就的影响更大，其失败归因模型对自己的发展也更为不利，并且他们也不重视获得好的（学业）成就。

兴趣

认为天才儿童兴趣极高，这是一种常见的刻板印象。当然有孩子在小学时就更喜欢读天体物理学方面的书而不是《强盗女儿罗尼亚》,但是总体上说,天才儿童与一般儿童在兴趣方面的差别不是很大(Hoberg & Rost,2009)。天才儿童不是很喜欢休闲活动方面的主题(例如,谈论电视节目或者体育),这一点与他们家庭社会经济地位的高低没有关系,但是该行为的影响很小。更仔细地观察他们感兴趣的领域就可以发现,天才儿童(也包括高成就者)对文学和音乐更感兴趣,推孟研究认为,天才小学生读书更多,而且更喜欢读书,这个结果也证实了上述看法。在这个年龄段,有利于天才儿童的兴趣差异还存在于与学业关系紧密的主题上(对语言和数学的兴趣)。马堡天才青少年追踪研究的调查结果同样值得重视,该研究认为,不管是在4年级与9年级时都被确认为天才儿童的那些人,还是到9年级才首次被确认为天才儿童的那些人,他们的兴趣都要比那些天赋不稳定的人更加突出。

总体上看,截至目前的研究报告无法证实天才儿童是早熟的单方面专家这个偏见,天才儿童与一般儿童的共同点大于差异。性别差异(这也证明了传统的思维定势)、兴趣的种类和突出程度的影响要明显得多。

各种不同研究也对天才人物的职业兴趣进行了调查。研究时经常使用的是经过改进的RIASEC模型(由代表各维度的词的首字母构成的缩略词),该模型由美国心理学家约翰·L.霍兰德(John L. Holland)提出,他把职业兴趣分为6个方面:

(1)现实型（realistic）——对运动、技术或者手工业领域的具体问题感兴趣；(2)研究型（investigative）——对智力问题以及系统性关联感兴趣；(3)艺术型（artistic）——对艺术和艺术表现形式感兴趣；(4)社会型（social）——对社会问题以及人际交往感兴趣；(5)企业型（entrepreneurial）——对企业家活动以及经营企业感兴趣；(6)常规型（conventional）——对需要仔细工作的组织整理任务感兴趣。天才儿童对智力问题的兴趣更为明显，这一结果完全在人们意料之中；相反，他们觉得社会问题缺乏吸引力。年轻的天才人士在现实性方面表现更为突出，这主要是因为，整体上看，与同龄女性相比，年轻的男性天才人物表现出更为清晰的性别特征（在智力与现实领域的数值很高，相反在社会领域的数值很低），而女性的性别特征更为均衡（Vock，Köller & Nagy，2011）。

由于高天赋并非预测突出成就的唯一因素，天才人物的兴趣也是重要的研究主题。数学早慧少年研究（SMPY；参见第5章）证实，兴趣除了会影响能力外，还会对教育和具体职业的选择产生实质性影响。这方面的研究表明，6个方面中最具决定性的方面在15年中保持相对稳定（Lubinski，Benkow & Ryan，1995）。在智商最高的1%的人群中，兴趣特征在13岁时就已经形成。这一结果首先与女性在数学、计算机、自然科学和工程技术学科中的代表性不足有关，女孩对于人的突出兴趣（或者说得更广泛一些，对"有机"领域；与此相反，天赋相同的男孩对东西以及"非有机"主题表现出更强烈的偏向）对后来的职业抉择起着决定性作用（Lubinski & Benkow, 2006）。这一情况对于天才儿童的培养有着重要的隐含意义，第4章将进一步讨论这个问题。

3.3 天才儿童的成长过程有特别之处吗？

天才儿童成长过程中最特别的地方在于，其思维能力比同龄人发展得更快，他们所表现出的智力能力与技能要比大多数同龄人进步几年，即"心理"年龄大于生理年龄。除了智力上的加速发展，还有迹象显示，天才儿童在其他领域也要领先于同龄人，如对道德问题与友谊概念的认识。智力一般的儿童主要是找玩伴，天才儿童已经希望遇到可以建立信任关系的人（Gross，2004）。这种超前发展有可能导致天才儿童的生活情景与同龄人存在很大的不同，如果环境没有认识到这一变化，并予以考虑，可能会让天才儿童的生活出现问题。天赋越是突出，问题就越是明显。研究文献中对突出程度有不同的划分，例如，适度、高、极高。即使这种划分初看上去有点钻牛角尖，但是人们要认识到，天才儿童也并非同质化的群体，他们天赋的突出程度也不是一模一样。如果以智商高于130为确定天才儿童的标准，那么同时也就意味着，同龄人中天才儿童的比例为2%多一点（参见本书第27页图6），这部分人的能力分布几乎与智商在70到130的另外96%的人的能力分布一样广泛，不能认为所有这2%的人的智商值都是相等的，对这一点大概没有人会提出质疑。

早期的天才研究就已经讨论到了天才儿童的特殊负担问题（如智商高于180）(Hollingworth，1942)，这些问题在最新的调查研究中得到了证实（Gross，2009）。问题的关键在于，同龄人中缺少与天才儿童智力相当的群体，会导致天才儿童在幼儿园的后几年以及小学阶段有种被社会孤立的感觉。更为成熟的友谊观念以及不同的智力兴趣与爱好可能会让这些儿童很难在同龄人中找到朋友。这里需要指出的是，天赋极高并非一定会给人带来问题！大多数研究表明，智力与行为问题并非成正比，对于天赋极高的人来说也是一样（如Grossberg & Cornell，1988）。如果出现问题，大多是由于人与环境的不良状况以及缺少"同伴"导致的（例如，社会没有发现人的天赋或者缺少对其理解与支持）。天赋水平越高，就越难找到"同伴"。天赋极高的儿童比天赋适度的天才儿童更倾向于隐藏自己的天赋。他们报告自己感到孤独或者很难找到朋友的概率也高于天赋适度的天才儿童。正因为这样，对于天赋极高的天才儿童而言，与同龄人中与自己能力相当的人或者年龄大一些的孩子共处就显得尤为重要。

不仅是天赋极高的儿童会隐藏自己的天赋，如本章开始所述，人们一直对天才儿童存在很多偏见，这种情况天才儿童自己也不是不知道。由于担心来自别人的偏见和侮辱，一些天才儿童会把自己的能力和需求隐藏起来。即使天才青少年并未觉得自己与其他人"不同"，有些天才青少年还是担心由于自己的天赋、学习积极性或者学习热情而受到其他人的侮辱或者贬低（如Coleman & Cross, 2000）。在这种情况下，即使事实上不存在来自外界的社会适应压力，已有的偏见或者媒体的描述就足以使人主观上感受到这种压力，这会使人担心自己会受到孤立，从而采取各种不利的应对策略，例如，青少年可能会采取"向前逃逸"策略，行为上表现出相应的天才儿童行为定势，进而装作疯癫的天才儿童；或者采取另一种策略，学会适应，让自己不再引人注目，如在业余活动或者参加学校活动方面。在极端情况下，可能会完全否认自己的能力与需求，表现出完全不符合天才儿童行为定势的行为（如说天才儿童的坏话，逃学）。看起来恰恰是处于青少年时期的女孩对这些"应对"形式特别敏感，比起男孩，女孩更容易把成就与归属感看作互不相容的一对矛盾（Reis, 2002）。

天才青少年从环境中得到的信息完全有可能互相矛盾，对此美国心理学家莫琳·内哈特（Maureen Neihart）举例说道，"要聪明但不要太聪明"或者"能力强但是也要和蔼"(Neihart, 2006)。对于天才儿童，人们有时不仅要求他们实现有些目标，例如，做出成就、参加竞赛或者取得成功，而且也会要求他们具备与此相矛盾的价值观以及与价值观相应的行为方式，例如，要谦虚、合作或者受人喜爱。这种相互矛盾的要求也会增加天才儿童坦诚面对自己能力的难度。

天才儿童成长过程的另一个特别之处在于，比起智力一般的儿童，天才儿童更有可能长期处于学习需求在学校无法得到满足的状态。霍林沃思（1942，第299页，作者翻译）认为，"在正常的小学课堂中智商为140的儿童浪费了自己一半的时间，智商为170以上的学生实际上浪费了自己全部的时间"。授课内容常常已经为天才儿童所知，或者只是重复而已，对于天才儿童而言，常规课堂的知识传授速度过于缓慢，而且传授内容的方式也不一定符合他们的思维方式，他们更喜欢演绎。例如，斯滕伯格（1986）把天才学生称作"非语境主义者"（与结构主义者相对），他对这个观点的另一种表述是，天才儿童寻找的是联系、规则以及作为基础的普遍原则。天才儿童更喜欢复杂的新内容，在解决问题时会灵活使用各种认知策略（Shore，2000）。因此课堂上的知识传授方式要多通道进行，要针对深度与复杂性进行讲解，要从概念、概括和问题入手，即"难度第一"（Winebrenner，2001），并由此推导出个别情况。然而，常规课堂的授课方式常常与此相反。

学校课程长期无法满足天才儿童的需求，这种情况会对其人格与能力的发展产生负面影响。如果一个人从来没有或者很少有机会成功解决对自己而言具有挑战性的问题，就几乎无法获得对自己能力的自信。有些天才儿童尽管学业成绩很好，还是觉得自己不是货真价实的天才（"总有一天别人会意识到我什么都不会"），而且很难为自己确定适合自己的目标，即既不低也不高的目标。学习内容长期低于认知需求还会损害一个人的学习动机，中学阶段刚开始时的学习动机问题恰恰是许多学生前来接受心理咨询的常见原因之一（Preckel & Eckelmann, 2008）。因此，适合天才儿童能力与学习需求的学习环境和培养不仅对发展成就，而且对人的整体健康状况与最佳发展起着关键作用。

小结

在本章结束之际，要再次强调指出，外行观念或者咨询指南（等等）推测天才儿童在人格和发展过程中存在许多特殊性，但是源自实践的研究无法证实这些推测。一方面，特殊性只出现于部分天才儿童身上，恰恰不是在全部人身上（如有些天才青少年担心被社会孤立）；另一方面，调查结果明确不支持存在特殊压力因素的假设（如完美主义或者过度活跃）。高天赋并非总是意味着对压力或者问题更为敏感。与一般儿童相比，天才儿童并未经历更多的社交或者感情问题，也并非更易出现心理障碍。尽管如此，在个别情况下也存在特殊挑战，这种挑战通常来自不利的社会交互影响（如对现有能力缺少认可或者受到侮辱）。特定的环境情况或者社会环境对天才儿童的成长存在不利影响，例如，对充满挑战的学习内容的需求长期得不到满足，社会环境把成就与人的价值混为一谈，在看待成就差异时特别挑剔，希望成就差异再大一些，等等。

第四章　培养天才

为了使天才儿童的能力和人格能够顺利得到发展,通过环境进行培养必不可少。突出成就是在悉心指导下按一定规律实施的长年练习过程的结果,不管对于天才儿童还是对于普通儿童而言都是这样。创造性成就和创新发明也是长年研究某一领域的结果。获得这些成就,除了学习能力和人格特征,例如,坚强的意志或者对自己能力的高度信任,也需要合适的学习机遇、指导和培养(参见第1章和第3章)。

为什么还要提升天才儿童的能力呢?一方面,从社会角度看,考虑到经济范畴,人们也把"天赋作为资源"看待,或者把培养天才儿童的能力看作"社会潜力的充分利用"。由于培养天才儿童的能力花的是纳税人的钱,也可以从经济角度来理解这个问题,有些人由于有特殊的专业知识、发明或者社交能力可以为社会发展做出贡献,社会总是需要这样的人。与这种经济视角相反,从人文主义视角看问题的人认为,培养天才儿童的能力不是期待他们做出成就,而是为了满足他们的人格需求。按照人文主义者的看法,个体的健康取决于所谓的自我更新,也就是说发展自己人格和能力的可能性。第三个方面是,优秀作为价值本身在很大程度上是社会文化认同中值得保护和追求的一部分,可以列为促进天才儿童成长的另外一个理由,这超越了经济和个体动机（Dai，2010）。这些视角并不相互排斥；哪一个视角更受重视，取决于各自的伦理、政治或者社会思考。培养天才儿童以及要求对天才儿童进行培养，这两种做法经常会遭到反对。如果要培养的对象还是小孩，以成就为导向是否过于片面？在资金紧缺时期难道没有比这更为紧迫的问题需要解决吗？为什么还要培养那些由于自己很高的天赋本身就已经具有优势的人呢？这样做公平吗？

德国基本法保证个人的自由发展权，结合现行的义务教育体系可以认为，每个孩子都有权参加旨在发展自己能力的培养计划。因此无须对培养天才儿童的公正性专门进行论证，因为大家都有权参加旨在发展自己天赋的培养计划。产生不公平的一个原因在于，培养计划忽视了不同人有着不同的起始条件，而在这种情况下仍然要求所有人按照同样的学习方法、学习速度和学习结果来学习。产生不公平的另一原因在于，有些群体很难或者彻底无法获得培养措施或者各种各样的资源。这并非由于培养天才儿童才出现的特殊问题，而是更为严重的整个社会的问题（可参看 Hartmann & Kopp，2001）。此外，在接受天才儿童培养的人中，来自低收入或者教育程度低的家庭的儿童低于这些家庭在所有家庭中所占的比例。国际学生学业成就研究［如 PISA（国际中学生评估项目），IGLU/PIRLS（国际学生阅读能力进步研究项目），TIMSS（国际数学与科学趋势研究项目）］表明,与其他国家相比，德国学生的教育成就与社会出身的关联度要高出很多。父母受教育水平低的儿童被推荐上文理中学的机会低于父母受教育水平高一些的孩子，即使这些孩子的学业成就一样好。也许这些孩子得到老师提名参加天才儿童培养计划的机会也要更少一些（见第2.2节）。此外，现有的培养计划也不适合这些人群，因此无法不经过调整就直接用于他们身上（VanTassel-Baska, Feng & Evans, 2007）。也就是说，重要的不仅仅是把更多受忽视群体的成员纳入天才培养计划当中，计划本身也必须重新构思。教育中的机会均等同样也涉及天才儿童的培养，总的来说，这方面还有很多事情要做。

学业成就研究同时还表明，在德国达到最高能力等级的孩子相对很少。在最近一次调查中只有1.5%的学生在纳入统计的三个领域（阅读、数学和自然科学）达到了最高能力等级。这个调查结果也向我们发出了需要采取行动的信号。因此这些研究的结论是，不仅要有针对性地支持学业成就差以及因为家庭经济情况而受到歧视的学生，而且要让更多的学生达到最高能力等级。

来自天才儿童培养研究的思想和方法肯定可以提供宝贵的建议，一方面，因为必须考虑取得突出成就的机会，并予以正面评价；另一方面，因为人们已经认识到了生理年龄对于说明一个人的发展状况和学习能力所起的作用非常有限。老师们都知道同龄儿童在能力和学习的前提条件方面存在很大差异。按照生理年龄制订的教学计划给教师自己也带来了很大的挑战。此外，天才儿童群体内部存在极大差异，这也意味着，不可能有对大家都合适的培养方法，教学安排本身也必须按照天才儿童内部的差异来制定（Preckel & Vock, 2013）。从发展视角看（参看第2.1节"发展视角下的信息来源"），对天才儿童的教学安排一是要有长期规划；二是开始时要宽泛一些，然后再加强专业针对性；三是要透明、灵活，让参加者在各个阶段都能进能出。

4.1 培养天才儿童的各种措施

培养天才儿童并不受专门框架的限制，可以有很多形式。在幼儿期一般是在家里进行，也包括幼儿期之后。孩子大一些后，教育机构也会加入其中，例如，幼儿园和学校。然后还有职业选择加入培养天才儿童的行列中。对于教育机构培养天才儿童的措施和有效性的研究要好于对家庭环境中培养天才儿童的研究，但是早期培养对于后来的继续发展异常重要。学习也可以看作所谓的蓄积过程，前面学得越好，基础知识越扎实，随后的学业成就越是突出。如果父母和老师对孩子的好奇心和求知欲给出了积极的答复，孩子投入自己的能力获得了成功，就越有可能沿着这个方向继续发展。父母一般是最先发现孩子超前发展的人，可以为孩子创造适合其发展的环境。要让对孩子天赋的培养取得成功，最重要的一点一直都是，要使发展潜力与发展需求尽可能契合，同时也要使环境对人提出的发展要求与发展安排尽可能契合（Brandtstädter, 2007）。这种契合具体是什么样的，只能具体问题具体分析，必须适合孩子、孩子的生活环境，尤其要适合孩子父母以及他们的生活状况（具体启示以及建议参见Arnold & Preckel编写的父母手册《巧妙地陪伴天才儿童成长》，2011）。

培养课程不仅要针对各项能力，也要总体上支持人在情感、社会或者自我调节能力方面的发展。培养者与被培养者的关系越是充满信任、越是有保障，培养的成效越是显著。对培养的态度和设定的目标决定着，儿童感到培养措施是在支持自己的发展还是把自己当作工具，这个问题的影响大于措施的具体实施情况。如果目标得不到被培养人的认同，长期来看培养就失去了基础。因此，培养天才儿童就是通过与成长相适应的安排和要求来促进个人的发展。

论及培养天才儿童的意义与好处，必须要始终同时考虑到，如果不培养会产生什么后果。高天赋学生在自己擅长的领域每天都需要挑战，如果学习环境缺乏挑战，他们感受到的压力更大，如果环境富有挑战性，他们感觉到的压力明显要小一些（Hoekman, McCormick & Gross, 1999；Rogers, 2007）。

学习环境要允许他们学习上有进步,如上所述,学习停滞会让他们承受压力,感到无聊,从而导致行为异常,尤其是社交行为。

一般而言,培养天才儿童的原则可以分为加速和丰富两种。两者可以分别实施,也可以组合起来;既可以在正常年级中进行,也可以在正常年级和班级以外进行。这里先概括介绍一下这些方法,下一节详细讨论对其有效性的调查结果以及来自培养实践的具体案例。

加速与丰富

鉴于天才儿童的认知能力发展超前,显而易见,要让天才儿童比同龄儿童早一些接触学习内容。学习内容的处理时间要提前一些,速度总体上也可以更快一些,让天才儿童可以早一点结束在正常教育机构的学习。这种加速度原则是最基本的,同时也是最有效的天才儿童培养措施(见第4.2节)。一般而言,加速度原则包括"使学生可以早些开始、结束或者快速通过预定教学计划或者其中一部分的任何一项措施,部分是比通常的教学进度快,部分是比规定的教学进度快"(Heinbokel,1996,第1页)。需要注意的是,不要人为地加速自然学习过程,比速度更为重要的是,学习内容要与能力契合。对此美国心理学家尤里安·J.斯坦利的表述非常到位：该方法的理念是只给学生教他们还不知道的东西（Stanley，2000）。这样做的前提是，学习内容可以灵活调整，使其适应天才儿童的需求，教育体系要足够透明，可以按个人成长速度来学习。

培养天才儿童的第二个重要原则是丰富。由于正常学习内容不足以满足天才儿童的学习兴趣和学习需求，可以通过特殊教学计划或者通过补充安排加以丰富和深化（VanTassel-Baska，2003）。天才儿童需要认知激励和挑战，如果他们在思考一个课题，并且很着迷，就会集中精力长时间研究该问题，也愿意为此"鞠躬尽瘁"。因此丰富法不仅指从内容上对正式安排进行丰富，也指从方法以及教学上进行丰富，使其可以更好地满足天才儿童的学习需求，从而使他们在智力、人格或者情感方面得到提升，也就是说不是填补无聊以及瞎忙的消磨时间的措施！学习内容可以通过加深内容或者添加新内容加以拓展，教与学的过程也可以加以拓展，要求学习时要进行批判性思考，或者要解决问题以及认知冲突。最终也可以使学习环境得到丰富，例如，通过个性化学习（像内部区分一样，学生学习时可以根据知识水平得到不同的资料或者任务），或者以天才儿童班或者暑期科学院这样的能力小组形式（外部区分）。常常也会把加速与丰富组合使用。表1所示为具体措施的各种实施形式。

表1 通过加速和丰富培养天才儿童的例子

加速	丰富	加速与丰富结合
·提前上学 ·灵活确定入学班级 ·跳级（个人或者班级） ·某些科目与高年级学生一起学	·学习内容的内部区分 ·研究小组 ·"拉开式"计划（临时分组外加特殊安排） ·选择附加课程 ·学生竞赛 ·跟着大学生上课 ·学生交流项目 ·假期项目 ·导师指导项目	·个性化与"课程安排的密集化"（考虑个人知识水平，相应地使学习时间和内容适应其水平；参看下文） ·不同年龄的人一起编班 ·强化课程 ·天才儿童特殊机构（幼儿园、学校、年级等） ·提前进入大学学习

一体式与分离式

表1中的例子已经表明，有些措施是在正常班级内进行（如学习内容的内部区分），而另一些措施则完全是在各自的环境中进行的（天才儿童专门班级）。培养天才儿童应该是一体化的还是需要独立的环境，关于这个问题一直都存在不同的观点。在人们当前对共同教育体系的包容性存在争论的背景下，对培养天才儿童问题的争论更加具有现实意义，共同教育体系要求不能把任何一个孩子排除在体系之外。德国各州不仅有培养艺术或者体育天才的专门机构，而且也有针对智力天才的机构（如

文理中学的特殊班级这种组织形式)。有趣的是,对前两者的必要性几乎没有人表示过质疑,而对专门培养智力天才的机构却存在质疑。但是永远都要牢记的是,发展潜力及发展需求要与发展要求及发展安排协调一致。鉴于目前教育资源的供给不足,同时考虑到教师教育的现实条件,通过专门班级培养智力天才也许比在常规教育体系中更容易做到。虽然大多数幼儿园教师和中小学教师有从事天才儿童培养工作的兴趣,但是在接受教育过程中,他们几乎从未得到过关于天才儿童及其培养方面的任何信息(Vock, Preckel & Holling, 2007)。研究结果还表明,有必要对教师进行培养天才儿童方面的培训,而且这样做也很有效。这类培训的典型内容包括,检查自己(可能是错误)的预设(参看第3章3.1节),鉴别天才儿童,关于学习需求的知识或者特殊教学能力,例如,区分课程,使课程安排更为紧凑或者丰富教学内容。如果是特殊安排,例如,天才儿童班级,与一体式教学的明显不同之处在于,要求教师必须接受过相应的培训。在天才儿童班级授课时,通常还需要对教学计划进行调整,使其适应目标人群。在培养天才儿童方面,与常规课堂教学相比,专门班级教学为取得成功提供了更好的前提条件。

为避免误解,再次特别指出,在常规班级中通过学习内容的内部区分也可以恰当地使天才儿童得到提升。如通过丰富教学内容使其适应学生间的个体差异。此外,有些东西可以灵活安排,例如,学习形式、授课形式、获取学习内容的途径或者学习时间。要对课堂进行上述调整，教师需要对自己学生的学习状况、发展和能力有良好的诊断能力。此外，教师还需要学习资料和教学指导，使他们能够按照学生的能力等级因材施教，因此教学内容的内部区分是一项要求很高，而又需要花费大量资源的任务。研究表明，所有学习小组都可以从中获益，获益最明显的自然是学习能力中等偏上的学生（Kulik & Kulik, 1997）。但是大多数这类研究并未区分"一般儿童"和"天才儿童"，因此也就几乎没有通过内部区分培养天才儿童方面的专门调查结果。即使这种做法大多是教育政策所想要看到的，即使老师知道学生中有些天才儿童，这种方法在实践中似乎用得很少（Archambault等，1993）。如上所述，大多数教师在受教育阶段没有或者几乎没有学过如何针对天才儿童调整教学计划和实施课堂教学。实践中往往也缺少内部区分的基本条件，例如，足够的资料、教室和教师。如果情况得不到改善，没有专门的措施或者计划，培养天才儿童就寸步难行（Dai，2010）。

4.2 加速

对学龄儿童进行加速教学的影响已经得到比较深入的研究。但是还几乎没有人研究过对学前儿童进行加速教学的影响，因此，关于这个年龄段的加速教学，我们只能利用来自咨询实践的经验和个人案例。但是对于学校阶段加速教学的调查结果，我们可以给出相当明确的论断。

幼儿园加速

在幼儿园中，年龄大小不一的孩子混合编班，为年龄小一些的天才儿童与大一些的儿童一起学习提供了很好的条件。大多数情况下，班上配备有供不同年龄孩子使用的资料，这样的话，小一些的孩子也可以与大一些的孩子一起学习。这些条件在多大程度上得到了利用，结果如何，对这个问题还没有进行过系统研究。但是，咨询实践得出的经验告诉人们，许多天才儿童，尤其是在幼儿园的最后几年没有得到足够的课程安排，而这里正好为培养天才儿童提供了很多机会（由Koop、Schlenker、Müller、Welzien以及Karg基金会共同编写的一本手册介绍了很多实践案例和基础知识，2010）。幼儿园里没有固定的学习计划和学习小组，课程是依据学生的兴趣按照情景来设计的。相反，在学校中，加速教学措施受到形式上的预先规定的影响更大一些。尽管知识学习（除了照顾和教育）也是幼儿园的核心任务（例如，传授日后学习学校内容需要的先期能力，如符号与读音间的对应关系、认识字母或者基础计算），迄今为止德国的大多数幼儿园并未完全准备好知识学习方面的教学工作。此外，在幼儿园采用加速措施时，与小学的沟通也很重要。如提前上学的问题。但是幼儿园教育和小学教育常常归属不同的政府部门管理，这就增加了在机构层面上进行沟通的难度，从而也使两种教育机构之间的渗透性受到影响。

中小学加速

学校环境中的加速教学是天才儿童培养措施中研究得最细的一个领域。许多天才儿童有能力在短得多的时间内（如三个到六个月）学完在学校里一般而言一年才能学完的内容。许多研究报告一致指出，对于提高成就以及发展社交与融合能力而言，加速教学取得了中等直至明显的积极效果（Steenbergen-Hu & Moon，2010；Hattie，2009）。许多父母或者老师担心，像提前上学或者跳级这样的措施可能会使当事学生感到负担太重，导致学生觉得压力很大以及过度疲劳，而与大一些的学生一起学习可能会对人格的进一步发展产生负面影响。研究结果消除了人们在这方面的担忧。如果有相应的认知条件，加速教学又受到参与者的欢迎和支持，它就是培养天才儿童或者学业成就突出儿童的最有效选择，同时相对而言又比较简单易行。跳级后这些儿童经过一个很短的追赶阶段后大多很快又成了班上能力最强的学生，在有些情况下又会觉得学习内容太容易，这时就需要其他的培养措施。提前上学的天才儿童大多表现出积极的学习能力，社交情感方面的发展也很积极（Gagné & Gagnier，2004）。天才儿童长大后，在接受调查时对以前所接受的加速教学措施都给出了积极评价，对美国320位天才儿童的调查表明，绝大多数（超过70%）认为加速教学对自己的大学学习、社会和感情方面的发展起到了积极作用。对加速教学不满意的那些人所不满意的地方主要是，他们原想在更短的时间内上完中小学，而不是只缩短一点点（Lubinski，Webb，Morelock & Benbow，2001）。

尽管调查结果让人很受鼓舞，但是个性化加速教学措施在德国很少能够得到实施，例如，2006—2007学年度跳级学生总数只占各年龄段学生总数的0.05%，提前上学儿童只占儿童总数的7.1%（Preckel & Vock，2013）。旨在整体上缩短上学时间的结构性加速教学的情况与此有所不同，早入学或者灵活入学（如灵活的起始阶段，即最初两年的内容可以在一年到三年学完）或者把文理中学的学习时间缩短为8年，这些措施为天才儿童提供了机会（但是这些机会是否用于加速学习还需要观察）。与此同时，这些措施也打破了界限，因为继续加速就会使中学生毕业时年龄很小。现在各大学就不得不适应大学生变得越来越小这一情况（如对未成年人的交易能力限制）。针对这一类人往往缺少机构化的教育安排。很多例子（不只是迈克尔·卡尼这个例子）都表明，14岁的人也可以进入大学学习，当然这需要得到环境的大力支持。通过加速教学培养天才儿童的能力需要从长计议，并且组织形式也不必限于校内。

4.3 丰富

丰富教学包括众多很不相同的措施，因此很难对各种不同课程安排的效果做出一般性论断。总体上说，这些措施的有效性不如加速教学，但是一般而言，不论是就参加者的学业成就以及创造性成就，还是就人格发展而言，其效果还是积极的（比如，Kulik & Kulik，1997；Kulik，2004；Lipsey & Wilson，1993）。

伦朱利的全校丰富模型

第1章已经介绍了伦朱利的天才三环模型，按照这个模型，如果一个人在能力超出平均水平的情况下，还有很高的任务责任感和创造性，这个人就发展出了非凡的行为，尤其是为了培养其责任感，伦朱利提出了全校丰富教学模型（SEM）构想（Renzulli，1977；Renzulli & Reis，1997）。这里想举例介绍这种模型是如何通过丰富内容来培养天才儿童的能力的。全校丰富教学模型要求通过增加学习经历和提高学习标准培养所有学生的能力和优势，使天才儿童和青少年在尽可能小的时候就能得到发展。增加的学习经历要贴近日常生活，以学生的兴趣为基础来构建，而且必须是产出性的（也就是说，必须实际上产生效果或者得出结果）。全校丰富模型的核心是有着三种学习安排形式的"丰富三迭系"，学习安排类型Ⅰ的任务是唤醒学生对主题的好奇心和内在动机，让其继续钻研主题。这种诱发式学习安排面向所有学生，可以由老师、家长或者学生自己组织。学习安排类型Ⅱ的目标是能力训练。这些能力是尽可能专业地继续研究这个主题所必需的（例如，方法能力、自我调整或者沟通能力培训），这些能力在学习安排类型Ⅲ中可以用于单人项目或者团队项目。在全校丰富模型中，从事类型Ⅱ和类型Ⅲ活动所需要的时间来自所谓的压实教学计划节省出的时间。如果学生已经掌握某个主题（可以通过以学习目标为导向的测试来检查），就可以不上常规课程，从而把时间用于项目研究。在全校丰富模型中，可以在很大程度上对学校的正式教学计划做出个性化安排。各联邦州的几千所学校现在都在使用这种模型，总体上被证明是可以灵活使用而又被普遍接受的培养模型（具体情况请浏览www.gifted.uconn.edu.sem）。

德国中学生科学院

德国中学生科学院是一种同样有效，但是组织形式不一样的旨在培养天才少年的丰富式教学安排，这是一种面向全德中学教育第Ⅱ阶段学生的暑期校外项目，参加者既可以由学校提名，也可以自己申请。在为期16天的课程学习中，在两位成年人的指导下，青少年可以研究各种不同科学或者艺术与文化方面的主题。总体上说，课程水平很高，大多相当于大学第一学期的水平。在进入科学院之前，参加者就要准备文献资料，整个研究课程的总学时约为50课时，课程的主要活动包括论证课程主题、学习过程和学习结果，相互报告各自小组的结果。除了课程学习，还有许多共同活动，例如，合唱或者乐队、戏剧小组、体育比赛或者集体郊游。

德国中学生科学院项目接受过多次评估（Grosch，2011；Heller & Neber，1994；Neber & Heller，1997，2002），参加者不管是在活动刚结束时或者在很长一段时间以后都对活动给出了各种积极评价（例如，对于学习技巧、教育规划、学习动机、自信、社会关系等的促进作用）。参加活动10年之后，他们仍然表示，活动为他们的人格发展和自我概念提供了重要启发。对于天才儿童而言，与同龄人以及有着类似兴趣的人共处和大强度共同学习，首先是个重要体验，有些情况他们常常是第一次遇到，例如，同龄人中有些人对某件事有着同样的兴趣而又愿意全身心投入，自己得到了他们的认可，与他们进行了"平等"的合作。

4.4 分离式

德国各州都有专门针对天才儿童培养的课程，天才儿童与普通儿童的教学分开来进行。这种所谓的外部区分教学可以是每周几个小时的活动（例如，学习小组或者课程），也可以是完全分开的教学安排（如天才儿童班），组织形式多种多样。与内部区分不同，外部区分是把天才儿童按照能力分组进行教学，这种措施的效果已经在很多报告中得到了研究。为了使教学计划和课堂教学适应天才儿童的学习需求，通常是把加速教学与丰富教学结合起来进行。这种方式有助于培养学生的学习能力，对这一点大家没有争议，这也得到了众多研究的证明（Rogers，2007）。前面已经提到过，人们对分离教学（尤其是长期）这种措施还是有争议。让我们来仔细审视一下对这类措施的研究结果，即对天才儿童单独组班教学的评估。

天才儿童班

天才儿童班通常全天都安排有课程，培养重点（例如，语言或者自然科学）不同课程安排也不同，学生可以比平时多选些课程，把各门课程按照主题重点进行汇总，通过跳过练习以及巩固阶段加快课堂学习速度，得到加速的常常是整个学业生涯（如共同跳级）。这样挤出来的时间可以用于项目活动、自主学习或者参加竞赛，这仅是几个例子而已。

与在常规班级中相比，天才学生在天才儿童班级中学到的东西明显要多一些，学业成就的发展也要更好一些，超前程度最高可达一个年级（Kulik & Kulik，1992）。但是这种超前并非总是体现在分数上，尽管客观上学业成就更好一些，但是分数完全有可能比常规班级低一些，这是因为，老师评分时通常是以年级特定的社会参照标准为依据，即班级整体学业成就越好，同样的学业成就要得到高分却更难一些。如果是关系到升学的关键分数，如高中毕业分数，这种群体参照效应对天才儿童有些不利。避免这种情况的一种做法是，在文理中学的高级阶段把天才儿童班级并入正式教学体系（可以通过开设更多的必修课或者特殊强化课程来培养他们的能力）。

天才儿童班级教学同时表明，他们对与有着相同兴趣和能力的人共同学习评价很高。从社交角度看，他们觉得自己比在常规班级更为人接受，感觉班级氛围也要更好些。此外他们对与老师关系的评价也更为积极,对学习更感兴趣,更为满意。与父母和老师的多方面担忧相反,他们也并未觉得学习压力更大一些(Schneider, Stumpf, Preckel & Ziegler, 2012)。

鉴于调查结果这样积极,很难理解对这种培养形式的批评,而且反对声音常常很少针对源自实践的教育研究的结果,反对动机更多源自教育政策方面的原因。尽管如此,还是有个别调查结果对天才儿童班教学从事实上提出了质疑,这种调查与学业自我概念有关(参看第2.1和3.1节)。简而言之,这种很高的学业自我概念,也就是说对自己学习能力的很高评估,带来的结果是,一个人在某一学科尝试得越多,动机越强,兴趣越高。反过来这又会使他更深入地研究该学科,长期看来对学习成果有着积极影响。因此,除了智力和基础知识,学业自我概念对学业成就以及学习行为也有着巨大的影响。与分数一样,学业自我概念也受到参照人群效应的影响,假设两个学生客观上学业成就相同,却是在学习水平不同的班级上课,他们的学业自我概念就会不同。一般而言,常规班级(能力有差异)中的天才儿童对于自己能力的评估要高于天才儿童班级中的相应学生,也就是说,对于认识自己能力有着决定意义的不仅仅是实际具备的能力,也与做比较的参照人群有关(所谓大鱼小池塘效应)。此外,老师评分时更为严格也会对自我概念产生负面影响,因此把天才儿童单独编班会对他们认识自己的能力产生负面影响(如Craven, Marsch & Print, 2000)。

令人诧异的是，进入天才儿童班对学业自我观念也有着积极影响，如对通过努力进入这类班级或者对充满挑战性的学习安排感到自豪（Preckel & Brüll，2010）。对天才儿童班进行教学评价时需要权衡可能的费用与获得的收益之间的关系，汇总当前的调查结果可以看出，天才儿童班对社交感情体验以及成就发展的积极作用多于消极影响。

4.5 导师制

在结束本章之前再介绍一种培养选项，这种选项可以在任何环境中实施，不管是在校内还是在校外。

导师制的目标是支持人格发展。被辅导人可以从导师的知识和之前的经历中受益。这种方式一般是长期安排，培养关系的特别之处在于，导师亲自照顾被辅导人，可以更好地满足其个人发展和成长需求。加涅（参看第1章）认为，在被辅导人把潜力转化为能力的过程中，导师起着加速器的作用。然而，把导师的作用限定为加速器没有完全体现出导师的价值。被辅导人也从心理及社交方面获益，为了支持人格的整体发展，这个方面也需要给予全面考虑。

由导师专门辅导天才儿童这个问题，目前研究得还不是很多,部分原因在于,这个概念包含各种各样的定义(目前科学上还未取得一致)和各种各样的形式(Stoeger,2009)。由于各种干预措施不能简单拿来比较,很难证实其系统性效果,例如,导师数量的不同(典型的1:1关系;不同导师间是有任务划分还是无缝对接);辅导关系的时间长短(短期干预直至长期关系);被辅导人的发展状况以及由此产生的需求(例如,辅导青少年"长大成人",辅导年轻人在职业生涯起步阶段"学习不成文的职业规则")。导师扮演着各种不同而又相互联系的角色,例如,顾问、榜样或者朋友(Clasen & Clasen, 2003)。

导师制的效果证明起来不是很容易,并不意味着没有尝试过。汇总1999年至2010年美国导师项目的73份评估报告可以看出,导师不仅起着促进作用,也起着预防作用,而且这些作用分布在很多领域(DuBois等,2011)。效果虽然不一定很突出,调查结果总体上还是说明,导师制起着积极作用。

虽然还没有专门研究导师指导天才儿童的理论模型,普遍而言可以认为,导师指导发挥作用有三个路径(Rhodes, 2002)。

提高认知能力:导师为被辅导人提供了智力方面的激励性和挑战性环境,为被辅导人在某个水平上发展自己的认知能力创造了教育体系所不能提供的条件。尤其是如果特长突出的方面与学习关系不是很大的话(例如,直观性空间特长或者艺术天赋），导师可以为其指出职业上的选择，而学校很少关心这方面的事情。如果被辅导者因为兴趣广泛并且很突出而遇到"选择难"这样的问题，可以与导师一起把所有的机会仔细考虑一下，并了解清楚，然后在充分了解的基础上做出决定。

提高社交能力与感情方面的幸福感：来自周围环境的偏见对天才儿童自身不可能没有影响，尤其是对那些因为自己的特长而感到自己与别人不一样的人更是如此，他们成长的环境不重视他们的特长，他们对社交和感情的需求与环境不一致。还有一些人，他们因为这样或者那样的原因无法或者不想让自己的特长充分得到施展，这些人可以从导师的认可中获益，导师相信他们有能力，并对他们的能力持支持态度。导师与被辅导人的契合起着非常关键的作用，这样才能形成真正的感情联系。

导师的榜样作用以及支持者作用：接受辅导也是向榜样学习，也就是说，导师与被辅导人的某种相似性有助于提高辅导效果。导师对困难有过亲身体验，可以更好地理解被辅导人遇到的问题，并可以因此获得对方的信任。导师作为榜样为被辅导人指出了人格和职业发展方面的各种选择。

对于天才人物中的某些人群而言，导师有着更为特殊的意义，尤其是导师的榜样以及支持者作用。这类人首先包括天才女孩，来自少数群体的天才儿童（例如，有移民背景或者社会经济地位较低）以及高天赋低成就者。环境对这些群体的期待很低（尤其是对女孩在数学、计算机、自然科学和工程技术方面的期待），这会增加他们把潜力转化为能力的难度。回忆起青少年时代，说自己在职业选择上接受过导师辅导的女性是男性的三倍（Reilly & Welch，1994—1995）。年轻女性到底是找男性导师还是女性导师好一些，这个问题目前还没有明确答案。研究中提到的男性导师居多，可能是由于在相应职位上工作的男性多于女性。尽管研究上还存在空白，目前的调查结果还是可以说明，导师制是一种合适的全面培养措施，可以支持被辅导人发挥潜力，同时也可以在心理及社交发展方面给其提供帮助。

小结

众多研究报告表明，培养天才儿童是可行的。研究同时也表明，停滞不前以及缺少挑战（如放弃培养）对天才学生的发展会起到负面作用。天才儿童之间也存在很大差异，这一点在培养时务必要予以重视。因此，并非这里介绍的所有培养方法可以无差别地用于培养各种天才，就培养措施与人的契合而言，这一结果也不是很奇怪，例如，加速教学更加适合学业成就突出的天才儿童，而丰富安排则更适合那些无法（还没有）

把自己的潜力转化为成就的人。许多天才儿童在某一领域有明显特长,重要的是,天才儿童应该得到不同的培养选择。换句话说,我们认为,讨论什么才是唯一"正确"的培养选择没有意义。

第五章　　研究与培养天才儿童的历史

无论是天才儿童的研究还是培养都不是当代人的发明。人类很早就对鉴别和培养特殊天赋表现出浓厚兴趣，然而这样做并非要帮助个人自由发展自己的潜力，而是利用他们来达到政治和社会目的。因此在这项研究中"利用价值"从一开始就居于主导地位，而人文主义关于自我实现的理想在很长一段时间里一直处于次要地位。

5.1 从古典时期到现代的天才研究

在《旧约》中就已经有关于有目的地鉴别天才人物的记载，犹太勇士基甸（Gideon）组建军队时用的就是上帝亲自授权的挑选方法，然后带领这样一支军队走上了与米甸人（Midianiter）作战的战场。他所用的方法就是自我推荐（"凡惧怕胆怯的，可以离开基列山回去"，士7:3）和行为观察（"凡用舌头舔水，象狗舔的，要使他单站在一处；凡跪下喝水的，也要使他单站在一处。"，士7:5）。虽然这样精选后军队人数从32000人减少到了300人，但是看来这种精选法的预言

第五章　研究与培养天才儿童的历史

力量很不错，基甸带领军队获得了胜利。

孔子（约公元前551—公元前479年）对于天才人物的选择甚至始于孩子童年时，他第一个提出由国家对天才儿童进行鉴别，并为其能力发展提供支持，这些感觉敏锐、理解力超常的"天作之才"在皇帝的宫廷接受教育。这个培养措施的成就体现在，与接受教育的儿童相反，有些儿童虽然有着相近的条件，但是父母不愿意交给国家培养，他们的天赋后来明显枯萎了。天赋这种资源被看作国家富强的保证，因此培养"天作之才"是利国利民之事（参见Heinbokel，1988）。

"但是老天铸造他们的时候，在有些人的身上加入了黄金，这些人因而是最可贵的，是统治者。在辅助者（军人）的身上加入了白银。在农民以及其他技工身上加入了铁和铜。"（柏拉图《理想国》）在柏拉图的理想国中，保护这些本来确实"可贵"的人是当政者的核心任务。柏拉图认为，并非哲学家出身的统治者的孩子就会成长为哲学家，也并非普通农民的孩子长大后就是农民，被上帝添加了"白银"或者"铜"的父母同样也能够生育添加了"黄金"的孩子。就智力是否遗传，是否有必要在原来猜测不是有天赋的人诞生的地方去寻找他们，柏拉图的观点非常接近当前人们的看法。他认为，统治者的任务就是尽早发现这些孩子，并确定他们是否适合作为未来的统治者来培养，从而确保希腊的民主制度能够延续下来。令人意想不到的是，柏拉图并未区别对待男孩和女孩，对他而言，能力与性别无关，这一思想很久以后才再次成为了人们的共识。

15世纪，奥斯曼帝国设立了专门机构来实施所谓的征募（"筛选男孩"）。在穆拉德二世（Murad Ⅱ, 1404—1451）时期，一部分信仰基督的男孩被从父母身边带走，其中最聪明、最强壮、最漂亮的被有针对性地加以培养（如在奥斯曼帝国的"近卫兵团"耶尼切里那儿接受教育），让他们为未来承担领导国家的任务做好准备（Papoulia, 1963）。1651年，近卫兵团的强迫继承制度带来的结果是，后备人才的筛选失去了明确的标准，此后该精英阶层的成就和政治影响力都下降了。

除了培养政治上的后备力量，马丁·路德（1483—1546）也考虑培养宗教方面的后备力量，在实施全面义务教育之前，1524年他在《致德意志帝国议员书》中要求，特别能干的学生要在学校多学几年，1530年他在《论送子女入学的责任》中让天才儿童加入了强制接受教育的范围。圣阿弗拉（Sankt Afra）、格里马（Grimma）和舒尔普方塔（Schulpforta）三所修道院的莫里茨·冯·萨克森（Moritz von Sachsen）诸侯学校遵循的就是这个传统。在这三所学校中，男孩（至少在理论上不论阶层）要接受教育，直至达到上大学的水平。如今圣阿弗拉和舒尔普方塔寄宿学校的重点任务就是培养天才儿童。以萨克森为榜样，后来其他地方也成立了培养天才儿童的学校。例如，13所符腾堡修道院学校，这些学校是符腾堡公爵克里斯多夫（Herzog Christophvon Württemberg）1556年设立的，目的是把各阶层的天才男孩作为教育精英来培养，因为他的国家相对而言资源很匮乏，这个原因听起来一点也不陌生。

引人注目的是，除了在柏拉图的《理想国》中，以鉴定和培养天才儿童为目的的教育努力都只针对男孩。在这方面，捷克哲学家和教育家约翰·阿姆斯·夸美纽斯（Johann Amos Comenius）(1592—1670) 是个例外，在《大教学论》(*Didactica magna*) 中他要求对男孩和女孩不论其阶层实施普遍义务教育，直到他们满12岁。对于确实有天赋的儿童，在义务教育阶段结束后可以继续接受专业教育，其他人可以上六年制的拉丁语学校，或者有可能的话也可以上大学。

美国总统托马斯·杰斐逊（Thomas Jefferson, 1743—1826）在他的《弗吉尼亚札记》中表示，家庭贫穷一些的天才男孩可以由国家来培养。他也认为天才儿童存在于各个阶层当中，但是家庭经济条件差的天才男孩尤其应该得到培养，不能让他们的天赋枯萎了（同上，第274页）。对是否适合接受国家培养要不断进行检查，只留下最优秀的，用杰斐逊的话说就是，要把最突出的天才儿童从金属屑中耙出来（同上，第272页）。杰斐逊也是第一个认为教育差别与个人幸福有关联的人。他说道，"本法条的普遍目的是，要让教育与受教育者的年龄、能力和状况相适应，教育的目的是让人获得自由，过上幸福生活"（同上）。

回顾历史可以看出，天才儿童一直都被视作社会资源。这同时表明，许多我们今天觉得很"时髦"的观念历史上早就已经有人思考过了。例如，天赋与社会阶层无关，也与贫富和性别无关，如果天赋得不到提升就会枯萎，培养天才儿童要早些开始。一时聪明一世聪明这种等式不一定成立，至少在杰斐逊看来是这样，因此要对个人与培养措施是否契合不断进行检查。

天赋特别高到底如何界定，什么样的人应该如何培养？早些时候人们对这些问题没有进行过详细研究，系统地研究天才问题始于19世纪中期。

5.2　20世纪与21世纪的天才儿童的研究与培养

从19世纪开始，人们对研究特殊天赋的兴趣从来就没有间断过，特别是让人会产生丰富联想的"天才"概念。本书在讨论外行理论时已经提到了这个概念的源头，天才一词在现代思想的早期阶段发挥过特殊影响，从代表性论著的标题中就可以看出这一点。本书接下来要介绍的是对天才研究有着重要影响的一些论著、研究和人物。

英美国家的天才儿童研究与培养

弗朗西斯·高尔顿（Francis Galton）的《遗传的天才》（1869）。

就天才研究而言，高尔顿（1822—1911）在两个方面的论述有着重要意义，一方面，他是智力测量的先驱，尝试通过物理学和心理学数值，如反应时间或者颅骨周长，来客观地理解认知能力，并取得了一定的结果；另一方面（也是比较有趣的一个方面），他用科学方法对并不明确的天才概念做了初步界定，然而他无法隐瞒他的主观分析和政治目的。

书名已经暗示，在研究杰出男性以及他们的男性亲属方面，遗传起着重要作用，同时也研究其女性亲属使他的研究失去了得体性[3]。作为查尔斯·达尔文（Charles Darwin）的表兄弟（顺便说一下，达尔文本人并没有研究人类遗传），他对进化论的规律非常熟悉。他也加入了那些想以选优达到政治目的的人的行列，作为"优生教育学会"[后来改称"（英国）优生学会"，该学会1989年才更名为"高尔顿研究所"]的创立者，他始终坚持这一思想。他认为，"通过审慎的联姻经过连续几代人的努力培育出高天赋的人种"是可行的（第1页）。作为差异心理学（研究人的个体差异的心理学分支）的先驱之一，他认为，不同的人在各种能力上是有差异的，个人能力的最大差异的界限是自然的、不变的。"天才人物"的能力位于这一正态分布的最高处，也就是说，能力差异是数量上的，而不是质量上的，这一点与同时代的其他人对天才人物的认识有着明显的不同。他研究了历史上有着重要影响的男性以及他们的家族，结果表明，他们的能力绝大部分来自遗传。因此，他把决定论的天赋模型作为自己研究的基础，而该模型把催化变量的影响几乎完全排除在外。高尔顿的研究是循环论证，他以已经取得的成就作为自己选择研究对象的基础，倒推出他们通过遗传得来的能力，这些能力又使他们取得了杰出的成就。因此在他这里寻找培养有天赋的人的教育学方法是徒劳的，他的研究仅限于挑选成就突出的精英家族，并有针对性地进行"育种"。

刘易斯·M.推孟的天才基因研究（1921年至今）

刘易斯·M.推孟（1877—1956）的研究与高尔顿秉持同一传统，推孟1921年在加利福尼亚发起了首次天才儿童追踪研究。根据老师们的评价共有1528名儿童得到提名，然后依据按年龄划定的最低智商，通过标准化智力测试选择出参加本研究的儿童。推孟的目的是，冲破人们大脑中根深蒂固的对天才人物与疯癫的关联性认识，实际上他的研究结果印证了天才人物是和谐发展的这一假设。在此仅选几个研究结果以飨读者。与天赋一般的儿童相比，他所戏称的"白蚁"不管是在学习方面，还是成年后的职业成就方面都超出了普通人，[4]社会适应性以及性格方面的发展都比同龄人要好一些，至少就抽样中的男性部分而言是这样。因为80%的女性样本在成年后

第五章 研究与培养天才儿童的历史

"仅"以家庭主妇或者秘书为职业而已（Oden，1968）。与同龄儿童相比，天才人物对智力活动和社交更感兴趣，更喜欢读书，睡眠也更多一些，饮食更健康一些，不是经常生病，身高甚至也要高一些，更为成熟（Terman，第1925—1927页，第I卷）。

这项研究受到多方面的批评。从方法看，以老师的评价为基础进行多级抽样就很值得商榷，因为前面已经提到过，老师鉴别智力超常儿童（尤其是成就低于潜力的超常儿童）的能力受到各种条件的限制。因此预选过程以及在此基础上得出的最终样本都存在普遍性的评价者误差（女孩、来自其他族群的孩子或者社会经济地位低的孩子在样本中的比例明显偏低），使样本本身的代表性不够充分。在被认定为智力超常的儿童中，大多数本来就已经享有特权，样本本身较高的社会经济地位就可以解释他们智力差异中的一大部分。公正地说，必须承认推孟对抽样过程做了详细解释，例如，各不同部分的抽样组成情况，同时他也努力使人们尽可能看清楚他的方法和调查遇到的困难。把老师的评价纳入考虑并作为筛选程序的第一步是个妥协做法，因为当时资金有限，无法如推孟所愿，进行大范围的智力测试筛选。该研究更严重的不足之处在于，他对"他的"孩子们的成长进行了明显的干预（如通过写推荐信）(Shurkin，1992），这尤其使他的追踪研究数据为人所诟病。但是这样做的好处是，参与试验的大多数人都继续参加了后期的数据采集，成年后参加测试者的人数仍能保持在95%的高位。

今天看来，他的研究动机也是个重要问题。推孟认为，客观的智商测试是确定未来国家精英的最好标准。这样的天才研究视角过于单一。很多其他的积极性格特征也与高智商有关，推孟认为，天才人物是特殊人群，不仅仅是智力超常，他们的思维不一样，感觉不一样，生活需求不一样，追随的发展路径也不一样，因此与智力一般的人相比，完全是另一种类型。从最新的研究结果来看，这个假设完全站不住脚，有关论述详见第3章。像高尔顿一样，推孟是信念坚定的优生学家。对于他而言，智商只是达到目的的手段而已，他的目的是选出在他看来国家急需的最有能力的人，使国家在未来也能保持强大（在以平均水平为导向的教育体系中，这些人的特殊需求没有得到充分考虑）。

无论推孟的研究有多少不足，有两个方面的功劳非他莫属，其一，他努力把不怎么明确的天才概念通过客观标准，尤其是智商测试结果加以界定；其二，他对把天才人物"非病理化"做出了决定性贡献，在他之前人们认为天才人物都是发展不和谐的人，推孟对这一认识提出了质疑，并提供了很多反面例子予以驳斥。最初抽样中现在还健在的人目前仍然在参与调查，还在为这一令人着迷的研究继续提供资料，这项追踪研究已经获得了很多数据，得出了很多新发现。

利塔·霍林沃思的超级天才儿童研究（1926/1942）

美国心理学家利塔·斯泰特·霍林沃思（Leta Stetter Hollingworth，1886—1939）在德国并不为人所熟悉，她也完成了一个非常特殊的抽样调查，即对智商超过180的智力超常儿童的研究，样本为20人。问题是，怎么来测定这么高的智力呢？以上面提到的智商偏差180为基础，必须进行大范围的取样工作，才能得到相应的参照值。假设智力完全呈正态分布，那么从统计结果看，每3483046人中有一个人的智商可达180，如果智商达到200（抽样中的最高值），比例则变为4852159346∶1。[5]霍林沃思取样时采用的是经推孟修订的斯坦福—比奈测试方法，这种方法是把智力年龄换算为实际生理年龄（即把智力成就水平用年龄表达出来，如相当于"12岁孩子的智力水平"=12）。如果6岁孩子可以完成原本为12岁孩子预备的任务，即明显地"高出水平测试"，根据威廉·斯特恩的公式，把智力年龄与生理年龄之比乘上100，得出智商为200。

霍林沃思也沿用了推孟、比奈以及高尔顿使用的智商标准。她认为以智商为标准的好处在于，与其他许多赋予联想的天才定义相比，智商可以明确进行量化（尽管她为天才设定的智商标准比推孟的标准要高出很多）。由于样本很小，霍林沃思首先进行个案研究，以便接下来通过试验推导出普遍模式。按照她的调查结果，在本来就不是为这些超常儿童准备的教育体系里经常出现问题，像跳级或者提早进入大学学习这样的措施有助于这些儿童发挥出自己的超常智力；但是如果他们的能力没有受到重视，他们可能会厌学并且拒绝学习。这种早期调查结果就已经表明，这些智力严重偏离标准的儿童遇到适应困难要更早一些。根据霍氏的观察，"最佳"智商的最大值在130到150。如果智商更高，可能存在被社会孤立的危险。如果环境能够为他们提供支持或者让他们受到重视，这些负面影响可以全部或者至少大部分被抵消掉。此外霍氏认为，需要特别予以注意的是，虽然智商极高者觉得智商不那么高的人（无论是同龄人还是成年人）看问题的视角效率不高、有些愚笨或者不够理性，他们仍然会学着去接受后者的视角，也会忍受智商一般者可能根本就不理解自己的视角。"对智商极高者而言，如果想让自己的人格发展取得成功，学会主动容忍智商一般者是他必须要学习的课程……而这是他感到最痛苦而又最困难的课程之一。"（Hollingworth，1942，第259—260页，作者译）这初听起来让人有点沮丧，但是恰恰说明了霍氏对人际关系原则的深刻认识，这种忍让（或者甚至是宽容）态度总归好于"厌世、幻想破灭以及敌视人类"（同上）。

总而言之，霍氏认为，重要的是，智力严重偏离正常值的儿童也可以，而且应该成长为幸福的人。智商极高并非就注定最幸福，友好的人文环境，来自外界的支持，自身所拥有的丰富资源，这些东西有助于这类非同一般的人在社会中找到自己的位置。

斯坦利（Stanley）的数学早慧少年研究（SMPY）(1971年至今)

受到霍林沃思"高出水平测试"研究方法的启发，数学早慧少年研究也采用了测试法。这些测试方法本来是为年龄更大一些的人准备的，用以发现年轻的天才人物。共有七年级和八年级的四组青少年接受了由数学早慧少年项目的"天才寻找者"开展的大学学习能力测试，该测试旨在掌握被试在数学与语言方面的逻辑推理能力。最后录取者为各小组成绩最好的0.01%至1%（Lubinski和Benkow，2006），项目组对入选者的成就进行跟踪研究，一直到他们退休很多年后（88岁）。数学早慧少年研究的特别之处在于，研究者把寻找天才儿童与培养他们结合了起来，因为大家从一开始就清楚，学校的正常课程无法满足这些天才青少年的需求。培养计划是加速、丰富和按天赋分组（参见第4章）的组合，该计划在世界各地引起了共鸣（Brody，2009）。

最有趣的调查结果之一是，即使在能力最高的人中大家在天赋与兴趣方面仍然存在差异（参见第3章），这些差异对职业选择和成就的影响长达数年甚至数十年。此外，项目对培养计划进行过多次修订，计划的实施结果表明，长期看来这一高智商群体从加快学习速度方面获益明显。数学早慧少年研究的近期调查结果也证明，在确定天才儿童方面，想象力起着非常重要的作用。与数学和语言天赋这些中小学学习需要的能力相比，想象力对数学和工程科学专业非常重要，但是到目前为止在研究中还没有受到足够的重视,这一领域的进一步研究有助于人们把在日常学习中经常被埋没的天才儿童也发掘出来并加以培养。

德国的天才儿童研究与培养

威廉·斯特恩与天才儿童筛选

天赋和天才儿童研究是德国心理学家威廉·斯特恩 (William Stern, 1871—1939) 的重要研究课题,但是远非他研究的唯一主题,他的研究兴趣非常广泛。斯特恩被视为差异心理学的创立者之一,人群之间的极端差异也是他早期的研究兴趣之一。他的论文《超常儿童》发表于1910年,两年后他提出了计算智商的公式,即智力年龄与生理年龄之比乘100。然而斯特恩远未将智商理解成为衡量特殊天赋的充分标准。因此他对该公式后来被(如推孟等人)用于把复杂的人类能力减少到一个量并未感到很高兴。相反,他提倡的是包含多个维度的确定策略,其中老师的评价有着决定意义。如果这种方法行不通,可以采用科学的天赋心理学,通过测试和心理图解(一种学生成就组合,目的是全面而又完整地了解学生人格,该组合旨在详尽地记录斯特恩所称的"自发智力"在校外环境中的表现方式),天赋心理学可以作为教师评价的补充,最好是

第五章 研究与培养天才儿童的历史

能够起到校正作用。智商测试是一种"不完善的智力快速照相术"（Stern，1916，第118页），尤其是作为批量测量的方式（类似于对学生的医学体检），这种方法可以让人们在确定天才儿童的第一个大致步骤中尽可能地不要忽略了某个潜力，目的是在随后的步骤中对该评价进行反复检查，并进行细化。到目前为止，人们沿用的还一直是该方法的基本原理。

斯特恩研究给人印象最为深刻的地方是，他不仅提出了着眼于未来的理念，而且把它付诸实践，他能够让不同利益的代表者相信并接受自己的理念。说起天才儿童筛选问题，例如，为新设立的以外语为特色的高级国民学校选择学员，人们首先想到的地方就是他在汉堡的研究所。在1918年、1919年这两年里，斯特恩与研究所的工作人员核查了共计3013名初选出来的学生，采用的测试方法多种多样。

1933年纳粹党掌权终结了这位特殊科学家的研究生涯。斯特恩的研究很好地兼顾了科学发现与舆论普及，在这方面他的成就前无古人后无来者。早在1933年8月1日，纳粹分子就禁止这位作为汉堡大学创立人之一的科学家进入他的研究所。斯特恩一直非常重视在社会对天才儿童担负的责任与天才儿童对社会担负的责任之间保持平衡，而纳粹意识形态的重心完全不在这个问题上。就这个问题在此稍作展开，作为心理学家和教育学家的阿道夫·布泽曼（Adolf Busemann）首先强调的是，天才人物的社会地位上升会给个人和人民带来危险，并且为此列举了合适的个案。他的观点是,在有些情况下,社会地位上升对于成功者自身而言意味着令人遗憾的社会孤立,对社会而言则是对现存关系的破坏(Busemann,1933,第261页,强调为原文所加)。"许多复杂的、乐于思考的人物没有完成社会地位的上升,相反,原始的乐观(原文如此)、幻想能力(原文如此)和性命攸关的坚韧性有利于提升人的社会地位。"(同上,第265页)对布泽曼而言,这些都证明,人们之前高估了智力能力在社会地位上升方面的作用。他认为,"比起智力,人们更需要天真的自信心"(同上)。

1938年威廉·斯特恩在流亡中去世。在天才研究与培养方面(并不仅限于此),他的著作为人们提供了宝贵资源,其中有许多到现在为止还没有得到挖掘。1985年汉堡大学成立了以他名字命名的威廉·斯特恩天才研究与培养协会,令人惊讶的是,除此之外这里并未留下他的其他东西。假如没有纳粹,他的研究可能会获得多大的影响,回答这个问题现在只能靠推测。

德意志民主共和国境内的天才儿童研究与培养(1949—1989)

初看上去,人们可能会感到很惊讶,在类似民主德国这样以平等为价值导向的社会主义国家里,还存在培养天才儿童这等事情。培养天才儿童背后隐藏的意识形态方面的信念却是,如果国家的教育制度给一个人机会,让他去学习、追求自己的利益并最终实现自我价值，同时也会实现另一个目标，即让其天赋为社会服务。这样看来，"个人和社会利益最终会是统一的"(Hilgendorf，1984，第2页)。除了经济上的好处以及对提高劳动生产率起到的作用，有着巨大成就的天才人物也是社会主义国家的名片，过去官方从未质疑过社会主义国家的历史优越性。人们对民主德国体育官员的体育成就表现出的自豪感（在苏联也有类似情况）也许是最让人熟悉的例子，人们以此来表现出自己比西方国家优越的姿态。

对选择专业领域起决定作用的不仅仅是个人兴趣和天赋，除了候选人（及家庭）对体制的忠诚，该领域的经济意义也是标准之一。一般而言，专业领域比较接近学校的专业设置，为这些领域设立了专门学校和专门的班级体系。早在1963年，德国统一社会党的第6次代表大会就已经通过决议，设立首批7个工程类专门班级。希尔根多夫（Hilgendorf）把民主德国的天才培养制度称为"普遍培养—筛选—专门培养体系"（原文如此）。普通必修课覆盖整个通识教育阶段，教师在这个阶段就要注意发现特殊天赋，通过内部区分措施他们可以验证自己的猜测，并对学生进行个性化培养。此外，学校里还有附加项目（学习小组、校内竞赛或者附加课时，一部分附加课的参与率超过学生总数的三分之二）。在最高层次上，学生可以根据老师推荐由考试委员会挑选出来参加地区以及国家培养措施（专门学校以及专门班级、大学里的培优协会、学生科研学会、学生科学院,等等),也就是说,统一的教育体系和培养体系协调一致。

总体上说,不管是对科学研究天赋的培养,还是对体育或者艺术天赋的培养,原则都是一样的,即同一年龄学生中5%的人需要比学校正常课程更多的东西,同样比例的人会得到相应的培养(Hilgendorf,1985)。然而,特殊班级无论在质量上,还是在数量上,这两个方面都没有达到人们的期望(Hilgendorf,1984,第12页)。由于"忠于路线"在挑选天才儿童时起着重要作用,无法排除在挑选时过度强调这个方面可能使一部分候选人受到优待,因此培养措施最终取得的效果比原来预期的要差一些。

20世纪80年代初,这个"危机"使围绕培养天才儿童的明确教育原则与各种设想的讨论再次活跃了起来,对这个问题的系统研究活动也发生在这一时期,与联邦德国的情况类似。世界天才儿童协会第11次大会1985年在汉堡举行,这也极大地推动了两个德国的天才儿童研究和培养活动。

汉斯-格奥尔格·梅尔霍恩(Hans-Georg Mehlhorn)的方案尤其值得一提,梅氏早在20世纪70年代就在莱比锡青年研究总院开始了对天才儿童的科学研究以及培养措施的评估工作。20世纪80年代他提出了自己的天才儿童培养概念,这个方案专门针对创造能力的挖掘(Mehlhorn,2008)。1987年他发起了第一次追踪式模型试验,2007年至今一直在进行对当时挑选出的儿童的后续调查研究。现在德国东部共有7个城市的儿童日间托管所、幼儿园和学校按照梅氏的天赋—智力—人格概念培养天才儿童。

马堡的天才儿童项目（1983年至今）

1983年，德国心理学家德特勒夫·H.罗斯特（Detlef H. Rost）发起了马堡的天才儿童研究项目。1987—1988学年度第一次对7289名三年级学生进行了测试，他们来自当时11个联邦州中的9个。除了需要接受特殊教育的儿童，在小学里各种天赋水平的学生在一起上课。如果想研究未经挑选的天才儿童样本，而同时又要避免上面提到的委托天才儿童协会或者咨询结构取样带来的机会性抽样代表性不足的问题，这个年龄段就显得特别合适。

研究中对天才儿童的分类以智商不低于130为依据（数值来自共计3个测试值的加权组合）。把超常儿童与一般儿童编成一对一小组，要求两者性别相同，家庭的社会经济地位非常接近，并且上同一个年级。151位超常儿童中的136位找到这种所谓的配对。在后续研究中，通过从成就突出组（智商低于130，为防止结果出现偏差）和平均成就组中进行部分取样对两个小组进行了补充，因此总共得出了4个对比组，通过自我报告和来自家长与老师的外界评价调查了他们的多个特征（还可参看第3章）。总体上说，从调查结果可以得出如下结论：

除了智力以及与此相关的因素，天才儿童与普通儿童并没有太大的不同（参看Rost，1993，2009）。

5.3 天才——并非时髦现象

仔细看一下人类研究天才儿童的历史，就绝不会把人类对该现象及对其连续的"结构、解构和重构"（Dai，2009）研究当作时髦现象。天才研究不仅具有经济意义，同时也源自人们对民族文化的自我认识，这种自我认识对整体性的人格发展和个人的幸福生活而言有着重要意义。

随着时间发生变化的只是各个时代研究和培养的重点。社会的价值观在变化，对通常很有限的经济和时间资源的分配标准反映了价值观的变化过程，尤其是从第三帝国时期出现的断裂更能说明这一点。德语区的天才研究花了比较长的时间才恢复了元气。每个社会、每个时代都在不断地重新定义天才。此外，天才这个概念还一直有着政治色彩。因此最后想就这些矛盾领域的政治含义提出几个问题，并介绍一下我们（当前）对这些问题的看法。

到底是培养弱者还是培养强者？培养天才儿童很容易让人

怀疑这种做法的精英主义思维，即"想要让某些人更加好"。不同的天赋并不意味着价值的不同，只是有不同的学习机会和学习需求。如果现有教育体系只能针对某个方面的特殊天赋做出有限调整（以平均水平为取向更有可能满足学习需求中的一大部分），那我们就只好也得去关心那些超出平均水平的人的需求，无论他们在哪个方面比较突出。培养天才儿童也是个事关公正的问题，因此必须像帮助弱者成长一样帮助天才儿童成长。

环境和个人本身在发展天赋方面分别承担着什么责任？参照对"天才人物社会地位的上升"的讨论，这个问题也可以这样表述："允许谁的社会地位上升？"回答这个问题的依据是，如何去定义天赋，是指别人无法反对的天生能力，或者如第1章所述完全是环境的影响？鉴于源自实践的调查结果的情况，交互视角可能是比较合适的看法（还需要考虑的问题是，天赋的哪些部分是天生的或者是后天习得的，从而让其在公众话语中不必像以前那样受到那么多关注），即人格特征与环境特征相互作用，而环境特征可以促进或者抑制潜力的发挥。

在这里有必要再次提一下威廉·斯特恩，他对上述问题做过大量研究，其思想即使是现在也很有参考价值。他观察得出，高天赋存在于各个社会阶层，他承认，尤其是对于来自社会底层的高智商儿童而言，他们"有责任完成向更高的文化阶层的上升，为此目的必须从教育上为他们打开所有通道"（Stern，1916，第112页）。反过来，他认为意志天赋是把潜力转化为能力最重要的前提条件。有些懒散的天才人物像寄生虫一样活着；有些不顾廉耻的天才人物虽然也培养自己的能力，但是仅把这些能力用于个人目的；有些狂妄的天才人物只愿意生活在自己天赋的光环下，并未感受到自己因为具有很高的天赋所理应承担的责任（同上，第111页）。或许可以这样来理解，社会框架条件只是提供了机会，但是每个人必须自己去利用机会。即使在人的一生中个人对自己的决定承担着越来越多的责任，也不能忘记，天才发展与年龄并非正比关系，"大器晚成者"就是明显的例子。在某些个别情况下，对其他发展路径多一点气量、多一点开放心态也许是更符合人性的做法，而不是把责任完全归咎于本来就没有得到过最佳机遇的人。

个人必须让自己的天赋为社会服务吗？对此斯特恩说道："天赋是义务，而不是功绩。"（1916，第111页）那么社会可以对天才儿童有多少期待呢？认为天才人物必须让自己的天赋为社会服务，这种态度与我们自由民主的基本秩序格格不入（此外也无法实现），在民主德国的天才儿童研究一节就已经论述了这个问题。反过来也可以这样说，社会责任人人有份，把责任片面地推给少数几个人也可以理解为对多数人的歧视或者贬低，这恰恰不应该是而且不可以是天才研究的意义所在。

注 释

1. 有趣的是，这种联系并不是对于所有人来说都完全一样，在家庭经济条件好的儿童中，智力差异与遗传因素的关系更为密切，而在家庭经济条件差的儿童中，环境影响可以更好地解释他们的智力差异［图尔克海默（Turkheimer）、黑利（Haley）、沃尔德伦（Waldron），德·奥诺弗利奥/戈特斯曼（D'Onofrio/Gottesman），2003）］

2. 在以这样或者那样的方式列出典型行为方式以及能力检查单时务必要注意，这些特征中没有一项本身就足以成为调查结果的依据。它们可以成为诊断的指示，但是绝不可能代替专业诊断，参见"检查单"一章。

3. 不过他认为有可能这些男性的妻子大多并不愚蠢。

4. 后来的两位诺贝尔奖获得者威廉·肖克莱（William Shockley）和路易斯·阿尔瓦雷斯（Luis Alvarez）并不满足智商标准，而"白蚁"项目中却没有一个人获得过类似奖项，这种说法只是历史的马后炮而已。

5. 除了实际上不可能外，即使是在世界范围内实施人口调查也无法做到测量没有误差，1927年世界人口已经突破20亿大关。霍林沃思自己评价得出的结果是，智商达180及以上的儿童的比例高于一百万分之一到一百万分之三，但是这样的儿童还是"极其罕见"(霍林沃思，1942，第24页)。

参考文献

Ackerman, P. L. & Heggestad, E. D. (1997). Intelligence, personality, and interests: Evidence for overlapping traits. *Psychological Bulletin, 121,* 219–245.
Archambault, F. X. Jr., Westberg, K. L., Brown, S. W., Hallmark, B. W., Emmons, C. L. & Zhang, W. (1993). *Regular classroom practices with gifted students: Results of a national survey of classroom teachers.* Storrs: National Research Center on the Gifted and Talented, University of Connecticut.
Aron, E. N. & Aron, A. (1997). Sensory-processing sensitivity and its relation to introversion and emotionality. *Journal of Personality and Social Psychology, 73,* 345–368.
Arnold, D. & Preckel, F. (2011). *Hochbegabte Kinder klug begleiten: Ein Handbuch für Eltern.* Weinheim: Beltz.
Assouline, S. G., Colangelo, N., Ihrig, D. & Forstadt, L. (2006). Attributional choices for academic success and failure by intellectually gifted students. *Gifted Child Quarterly, 50,* 283–294.
Baudson, T. G. (2010a). Nominationen von Schülerinnen und Schülern für Begabtenfördermaßnahmen. In F. Preckel, W. Schneider & H. Holling (Hrsg.), *Diagnostik von Hochbegabung* (S. 89–117). Göttingen: Hogrefe.
Baudson, T. G. (2010b). Hochbegabung und Asperger-Autismus. In C. Koop, I. Schenker, G. Müller, S. Welzien & Karg-Stiftung (Hrsg.), *Begabung wagen* (S. 237–243). Weimar: das netz.
Baudson, T. G. & Preckel, F. (2012a). Development and validation of the German Test for (Highly) Intelligent Kids – T(H)INK. *European Journal of Psychological Assessment.* Online verfügbar seit April 2012. doi: 10.1027/1015-5759/a000142.
Baudson, T. G. & Preckel, F. (2012b). Teachers' implicit personality theories about the gifted: An experimental approach. *School Psychology Quarterly, 28,* 37–46.
Baumann, N., Gebker, S. & Kuhl, J. (2010). Hochbegabung und Selbststeuerung: Ein Schlüssel für die Umsetzung von Begabung in Leistung. In F. Preckel, W. Schneider & H. Holling (Hrsg.), *Diagnostik von Hochbegabung* (S. 141–167). Göttingen: Hogrefe.
Bloom, B. S. (1985). Generalisations about talent development. In B. S. Bloom & L. A. Sosniak (Eds.), *Developing talent in young people* (pp. 507–579). New York: Ballantine Books.
Brandtstädter, J. (2007). Konzepte positiver Entwicklung. In J. Brandtstädter & U. Lindenberger (Hrsg.), *Entwicklungspsychologie der Lebensspanne. Ein Lehrbuch* (S. 681–723). Stuttgart: Kohlhammer.
Brody, L. (2009). The Johns Hopkins talent search model for identifying and developing exceptional mathematical and verbal abilities. In L. Shavinina (Hrsg.), *International handbook on giftedness* (S. 999–1016). New York: Springer.
Brody, L. E. & Mills, C. J. (1997). Gifted children with learning disabilities: A review of the issues. *Journal of Learning Disabilities, 30,* 282–286.

Busemann, A. (1933). Die Frage des Aufstiegs der Begabten in neuer Sicht. *Zeitschrift für Pädagogische Psychologie und Jugendkunde, 34,* 259–265.

Cattell, R. B. (1987). *Intelligence: Its structure, growth, and action.* New York: Elsevier Science.

Ceci, S. J. & Williams, W. M. (1997). Schooling, intelligence and income. *American Psychologist, 52,* 1051–1058.

Clasen, D. R. & Clasen, R. E. (2003). Mentoring the gifted and talented. In N. Colangelo & G. A. Davis (Eds.) (2003), *Handbook of gifted education* (3rd ed., pp. 254–267). Boston: Allyn & Bacon.

Coleman, L. J. & Cross, T. L. (2000). Social-emotional development and the personal experience of giftedness. In K. A. Heller, F. J. Mönks, R. J. Sternberg & R. F. Subotnik (Eds.), *International handbook of giftedness and talent* (2nd ed., pp. 203–212). Kidlington: Elsevier.

Coleman, L. J. & Cross, T. L. (2005). *Being gifted in school: An introduction to development, guidance, and teaching.* Waco: Prufrock Press.

Craven, R. G., Marsh, H. W. & Print, M. (2000). Gifted, streamed, and mixed-ability programs for gifted students: Impact on self-concept, motivation, and achievement. *Australian Journal of Education, 44,* 51–75.

Cropley, A. J. (2000). Defining and measuring creativity: Are creativity tests worth using? *Roeper Review, 23,* 72–79.

Dąbrowski, K. (1964). *Positive Disintegration.* Boston: Little Brown.

Dai, D. Y. (2009). Essential tensions surrounding the concept of giftedness. In L. V. Shavinina (Hrsg.), *International handbook on giftedness* (S. 39–80). New York: Springer.

Dai, D. Y. (2010). *The nature and nurture of giftedness: A new framework for understanding gifted education.* New York: Columbia University Teachers College Press.

Davis, G. A. (2003). Identifying creative students, teaching for creative growth. In N. Colangelo & G. A. Davis (Eds.), *Handbook of gifted education* (3rd ed., pp. 311–323). Boston: Allyn & Bacon.

DeYoung, C. G. (2011). Intelligence and personality. In R. J. Sternberg & S. B. Kaufman (Hrsg.), *The Cambridge handbook of intelligence* (S. 711–737). Cambridge: Cambridge University Press.

DuBois, D. L., Portillo, N., Rhodes, J. E., Silverthorn, N. & Valentine, J. C. (2011). How effective are mentoring programs for youth? A systematic assessment of the evidence. *Psychological Science in the Public Interest, 12,* 57–91.

Ericsson, K. A. (1996). *The road to excellence – the acquisition of expert performance in the arts and sciences, sports and games.* Mahwah: Erlbaum.

Ericsson, K. A. & Charness, N. (1994). Expert performance: Its structure and acquisition. *American Psychologist, 49,* 725–747.

Fels, C. (1999). *Identifizierung und Förderung Hochbegabter in den Schulen der Bundesrepublik Deutschland.* Bern: Haupt.

Finsterwald, M. & Ziegler, A. (2002). Geschlechtsunterschiede in der Motivation: Ist die Situation bei normal begabten und hoch begabten Schüler(inne)n gleich? In H. Wagner (Hrsg.), *Hoch begabte Mädchen und Frauen* (S. 67–83). Bad Honnef: Bock.

Freund, P. A. & Kasten, N. (2012). How smart do you think you are? A meta-analysis on the validity of self-estimates of cognitive ability. *Psychological Bulletin, 138,* 296–321.

Freund-Braier, I. (2009). Persönlichkeitsmerkmale. In D. H. Rost (Hrsg.), *Hochbegabte und hochleistende Jugendliche* (2., erw. Aufl., S. 161-210). Münster: Waxmann.

Gagné, F. (2004). Transforming gifts into talents: the DMGT as a developmental theory. *High Ability Studies, 15*, 119-147.

Gagné, F. & Gagnier, N. (2004). The socio-affective academic impact of early entrance to school. *Roeper Review, 26*, 128-138.

Galton, F. (1869/1892). *Hereditary Genius*. London: Macmillan.

Gottfried, A. E. & Gottfried, A. W. (2009). Development of gifted motivation: Longitudinal research and applications. In L. Shavinina (Hrsg.), *International handbook on giftedness* (S. 617-631). New York: Springer.

Gottlieb, G. (1992). *Individual development and evolution: The genesis of novel behavior*. New York: Oxford University Press.

Grosch, C. (2011). *Langfristige Wirkungen der Begabtenförderung*. Münster: Lit.

Gross, M. U. M. (2004). *Exceptionally gifted children* (2nd ed.). London: Routledge-Falmer.

Gross, M. U. M. (2009). Highly gifted young people: Development from childhood to adulthood. In L. Shavinina (Ed.), *International handbook on giftedness* (pp. 337-352). New York: Springer.

Grossberg, I. & Cornell, D. (1988). The relationship between personality adjustment and high intelligence: Terman versus Hollingworth. *Exceptional Children, 55*, 266-272.

Guilford, J. P. (1950). Creativity. *American Psychologist, 5*, 444-454.

Hanses, P. & Rost, D. H. (1998). Das «Drama» der hochbegabten Underachiever – «Gewöhnliche» oder «außergewöhnliche» Underachiever? *Zeitschrift für Pädagogische Psychologie, 12*, 53-71.

Hartmann, M. & Kopp, J. (2001). Elitenselektion durch Bildung oder durch Herkunft? Promotion, soziale Herkunft und der Zugang zu Führungspositionen in der deutschen Wirtschaft. *Kölner Zeitschrift für Soziologie und Sozialpsychologie, 53*, 436-466.

Hattie, J. (2009). *Visible learning. A synthesis of over 800 meta-analyses relating to achievement*. London: Routledge.

Heinbokel, A. (1988). *Hochbegabte: Erkennen, Probleme, Lösungswege*. Baden-Baden: Nomos.

Heinbokel, A. (1996). *Überspringen von Klassen*. Münster: Lit-Verlag.

Heller, K. A. & Neber, H. (1994). *Evaluationsstudie zu den Schülerakademien 1993. Endbericht*. Universität München, Institut für Pädagogische Psychologie und Psychologische Diagnostik.

Heng, M. A. (2003). Beyond school: In search of meaning. In J. H. Borland (Ed.), *Rethinking gifted education* (pp. 46-60). New York: Teachers College Press.

Hilgendorf, E. (1984). *Die Förderung besonders befähigter Schüler in der Deutschen Demokratischen Republik*. Berlin: Pädagogisches Zentrum.

Hilgendorf, E. (1985). *Gemeinsamkeiten und Unterschiede der schulischen Hochbefähigtenförderung in sechs Ländern: Bedenkenswertes für die Bundesrepublik Deutschland*. Berlin: Pädagogisches Zentrum.

Hoberg, K. & Rost, D. H. (2009). Interessen. In D. H. Rost (Hrsg.), *Hochbegabte und hochleistende Jugendliche* (2., erw. Aufl., S. 339-365). Münster: Waxmann.

Hoekman, K., McCormick, J. and Gross, M. U. M. (1999). The optimal context for gifted students: A preliminary exploration of motivational and affective considerations, *Gifted Child Quarterly, 43*, 170–193.

Hollingworth, L. S. (1942). *Children above 180 IQ (Stanford-Binet): Origin and development*. Yonkers-on-Hudson, NY: World Book Company.

Jefferson, T. (1785). *Notes on the State of Virginia*. Online unter: http://etext.virginia.edu/toc/modeng/public/JefVirg.html

Kolassa, I.-T. & Elbert, T. (2007). Structural and functional neuroplasticity in relation to traumatic stress. *Current Directions in Psychological Science, 16*, 321–325.

Koop, C., Schenker, I., Müller, G., Welzien, S. & Karg-Stiftung (2010). *Begabung wagen. Ein Handbuch für den Umgang mit Hochbegabung in Kindertagesstätten*. Weimar: das netz.

Kulik, J. A. (2004). Meta-analytic studies of acceleration. In N. Colangelo, S. G. Assouline & M. U. M. Gross (Eds.), *A nation deceived: How schools hold back America's brightest students* (pp. 13–22). The Templeton National Report on Acceleration. Iowa City: University of Iowa.

Kulik, J. A. & Kulik, C.-L. (1992). Meta-analytic findings on grouping programs. *Gifted Child Quarterly, 36*, 73–77.

Kulik, J. A. & Kulik, C.-L. (1997). Ability grouping. In N. Colangelo & G. A. Davis (Eds.), *Handbook of gifted education* (pp. 230–242). Boston: Allyn & Bacon.

Leikas, S., Mäkinen, S., Lönnqvist, J.-E. & Verkasalo, M. (2009). Cognitive ability x emotional stability interactions on adjustment. *European Journal of Personality, 23*, 329–342.

Lipsey, M. W. & Wilson, D. B. (1993). The efficacy of psychological, educational, and behavioral treatment. *American Psychologist, 48*, 1181–1209.

Lohman, D. F. (2005). The role of non-verbal ability tests in identifying academically gifted students: An aptitude perspective. *Gifted Child Quarterly, 49*, 111–138.

Lovecky, D. V. (2004). *Different minds. Gifted children with AD/HD, Asperger syndrome, and other learning deficits*. London: Jessica Kingsley Publishers.

Lubinski, D. & Benbow, C. P. (2006). Study of Mathematically Precocious Youth after 35 years: Uncovering antecedents for the development of math-science expertise. *Perspectives on Psychological Science, 1*, 316–345.

Lubinski, D., Benbow, C. P. & Ryan, J. (1995). Stability of vocational interests among the intellectually gifted from adolescence to adulthood: A 15-year longitudinal study. *Journal of Applied Psychology, 80*, 196–200.

Lubinski, D., Webb, R. M., Morelock, M. J. & Benbow, C. P. (2001). Top 1 in 10,000: A 10-year follow up of the profoundly gifted. *Journal of Applied Psychology, 86*, 718–729.

Mandell, D. S., Thompson, W. W., Weintraub, E. S., DeStefano, F. & Blank, M. B. (2005). Trends in diagnosis rates for autism and ADHD at hospital discharge in the context of other psychiatric diagnoses. *Psychiatric Services, 56*, 56–62.

McCall, R. B., Evahn, C. & Kratzer, L. (1992). *High school underachievers*. Newbury Park: Sage.

McCoach, D. B. & Siegle, D. (2003). Factors that differentiate underachieving gifted students from high-achieving gifted students. *Gifted Child Quarterly, 47*, 144–154.

McGrew, K. S. (2009). CHC theory and the human cognitive abilities project: Standing on the shoulders of the giants of psychometric intelligence research. *Intelligence, 37*, 1–10.

Mehlhorn, H.-G. (2008). Pädagogik der Kreativität – Kreativitätspädagogik. In M. Dresler & T. G. Baudson (Hrsg.), *Kreativität. Beiträge aus den Natur- und Geisteswissenschaften* (S. 64–76). Stuttgart: Hirzel.

Mendaglio, S. (2010). Overexcitabilities und Dabrowskis Theorie der Positiven Desintegration. In F. Preckel, W. Schneider & H. Holling (Hrsg.), *Diagnostik von Hochbegabung* (S. 169–195). Göttingen: Hogrefe.

Neber, H. & Heller, K. A. (1997). *Deutsche SchülerAkademie. Ergebnisse der wissenschaftlichen Begleitforschung. Endbericht an das Bundesministerium für Bildung, Wissenschaft, Forschung und Technologie*. Universität München, Institut für Psychologische Diagnostik und Evaluation.

Neber, H. & Heller, K. A. (2002). Evaluation of a summer-school program for highly gifted secondary-school students: The German Pupils Academy. *European Journal of Psychological Assessment, 18*, 214–228.

Neihart, M. (2006). Affiliation/achievement conflicts in gifted adolescents. *Roeper Review, 28*, 196–202.

Oden, M. H. (1968). The fulfillment of promise: 40-year follow-up of the Terman gifted group. *Genetic Psychology Monographs, 77*, 3–93.

Papoulia, B. D. (1963). *Ursprung und Wesen der «Knabenlese» im Osmanischen Reich*. München: Oldenbourg.

Perleth, C. (2010). Checklisten in der Hochbegabungsdiagnostik. In F. Preckel, W. Schneider & H. Holling (Hrsg.), *Diagnostik von Hochbegabung* (S. 65–87). Göttingen: Hogrefe.

Preckel, F. & Brüll, M. (2008). *Intelligenztests*. München: Ernst Reinhardt.

Preckel, F. & Brüll, M. (2010). The benefit of being a big fish in a big pond: Contrast and assimilation effects on academic self-concept. *Learning and Individual Differences, 20*, 522–531.

Preckel, F. & Eckelmann, C. (2008). Beratung bei (vermuteter) Hochbegabung: Was sind die Anlässe und wie hängen sie mit Geschlecht, Ausbildungsstufe und Hochbegabung zusammen? *Psychologie in Erziehung und Unterricht, 55*, 16–26.

Preckel, F., Götz, T., Pekrun, R. & Kleine, M. (2008). Gender differences in gifted and average-ability students: Comparing girls' and boys' achievement, self-concept, interest, and motivation in mathematics. *Gifted Child Quarterly, 52*, 146–159.

Preckel, F. & Vock, M. (2013). *Hochbegabung: Ein Lehrbuch zu Grundlagen, Diagnose und Fördermöglichkeiten*. Göttingen: Hogrefe.

Reilly, J. J. & Welch, D. B. (1994-1995). Mentoring gifted young women: A call to action. *Journal of Secondary Gifted Education, 6*, 120–128.

Reis, S. M. (2002). Social and emotional issues faced by gifted girls in elementary and secondary school. *The SENG Newsletter, 2*, 1–5.

Reis, S. M. & McCoach, B. (2000). The underachievement of gifted students: What do we know and where do we go? *Gifted Child Quarterly, 44*, 152–170.

Renzulli, J. S. (1977). *The enrichment triad model: A guide for developing defensible programs for the gifted*. Mansfield Center: Creative Learning Press.

Renzulli, J. S. (1978). What makes giftedness? Reexamining a definition. *Phi Delta Kappan, 60*, 180–184.

Renzulli, J. S. (2005). The three-ring conception of giftedness: A developmental model for promoting creative productivity. In R. J. Sternberg & J. E. Davidson (Eds.), *Conceptions of giftedness* (2nd ed., pp. 246–279). Cambridge: University Press.

Renzulli, J. S., & Reis, S. M. (1997). *The Schoolwide Enrichment Model: A guide for developing defensible programs for the gifted and talented.* Mansfield Center: Creative Learning Press.

Rhodes, J. B. (2002). *Stand by me: The risks and rewards of mentoring today's youth.* Cambridge: Harvard University Press.

Rogers, K. B. (2007). Lessons learned about educating the gifted and talented: A synthesis of the research on educational practice. *Gifted Child Quarterly, 51*, 382–396.

Rost, D. H. (Hrsg.) (1993). *Lebensumweltanalyse hochbegabter Grundschulkinder.* Göttingen: Hogrefe.

Rost, D. H. (Hrsg.) (2009). *Hochbegabte und hochleistende Jugendliche* (2., erw. Aufl.). Münster: Waxmann.

Rost, D. H. (2010). Stabilität von Hochbegabung. In F. Preckel, W. Schneider & H. Holling (Hrsg.), *Diagnostik von Hochbegabung* (S. 233–266). Göttingen: Hogrefe.

Rost, D. H. & Albrecht, T. (1985). Expensive homes: Clever children? *School Psychology International, 6*, 5–12.

Runco, Mark A. (2010). Prädiktoren und Kriterien, Potenzial und Leistung: Methoden zur Erfassung von Kreativität – eine Übersicht. In F. Preckel, W. Schneider & H. Holling (Hrsg.), *Diagnostik von Hochbegabung* (S. 45–64). Göttingen: Hogrefe.

Schilling, S. (2009). Peer-Beziehungen. In D. H. Rost (Hrsg.), *Hochbegabte und hochleistende Jugendliche* (2., erw. Aufl., S. 367–421). Münster: Waxmann.

Schneider, W., Stumpf, E., Preckel, F. & Ziegler, A. (2012). *Projekt zur Evaluation der Begabtenklassen in Bayern und Baden-Württemberg. Abschlussbericht.* Psychologisches Institut der Universität Würzburg, Würzburg.

Schütz, C. (2009). Leistungsbezogene Kognitionen. In D. H. Rost (Hrsg.), *Hochbegabte und hochleistende Jugendliche* (2., erw. Aufl., S. 303–337). Münster: Waxmann.

Shea, D. L., Lubinski, D., & Benbow, C. P. (2001). Importance of assessing spatial ability in intellectually talented young adolescents: A 20-year longitudinal study. *Journal of Educational Psychology, 93*, 604–614.

Shore, B. M. (2000). Metacognition and flexibility: Qualitative differences in how gifted children think. In R. C. Friedman & B. M. Shore (Eds.), *Talents unfolding: Cognition and development* (pp. 167–187). Washington: APA.

Shurkin, J. N. (1992). *Terman's kids: The groundbreaking study of how the gifted grow up.* Boston: Little, Brown.

Siegle, D. & Powell, T. (2004). Exploring teacher bias when nominating students for gifted programs. *Gifted Child Quarterly, 48*, 21–29.

Simonton, D. K. (2000). Genius and Giftedness: Same or different? In K. Heller, F. Mönks, R. Sternberg & R. Subotnik (Eds.), *International handbook of giftedness and talent* (2nd ed., pp. 111–121). Oxford: Pergamon.

Southern, W. T., Jones, E. D. & Stanley, J. C. (1993). Acceleration and enrichment: The context and development of program options. In K. A. Heller, F. J. Mönks & A. H. Passow (Eds.), *International handbook of research and development of giftedness and talent* (pp. 387–405). New York: Pergamon.

Stanley, J. C. (2000). Helping students learn only what they don't already know. *Psychology, Public Policy, and Law, 6*, 216–222.

Steenbergen-Hu, S. & Moon, S. M. (2010). The Effects of Acceleration on High-Ability Learners: A Meta-Analysis. *Gifted Child Quarterly, 55*, 1–15.

Stern, W. (1916). Psychologische Begabungsforschung und Begabungsdiagnose. In P. Petersen (Hrsg.), *Der Aufstieg der Begabten* (S. 105–120). Leipzig: Teubner.

Stern, W. (1920). *Die Intelligenz der Kinder und Jugendlichen und die Methoden ihrer Untersuchung*. Leipzig: Barth.

Sternberg, R. J. (1986). A triarchic theory of intellectual giftedness. In R. J. Sternberg & J. E. Davidson (Eds.), *Conceptions of giftedness* (pp. 223–243). New York: Cambridge University Press.

Sternberg, R. J. (1993). The concept of «giftedness»: A pentagonal implicit theory. *The origins and development of high ability* (pp. 5–21). United Kingdom: CIBA Foundation.

Sternberg, R. J. (2000). The concept of intelligence. In R. J. Sternberg (Ed.), *Handbook of intelligence* (pp. 3–15). New York: Cambridge University Press.

Sternberg, R. J. & Zhang, L. (1995). What do we mean by giftedness? A pentagonal implicit theory. *Gifted Child Quarterly, 39*, 88–94.

Stoeger, H. (2009). E-Mentoring: eine spezielle Form des Mentorings. In H. Stoeger, A. Ziegler & D. Schimke (Hrsg.), *Mentoring: Theoretische Hintergründe, empirische Befunde und praktische Anwendungen* (S. 227–243). Lengerich: Pabst.

Strenze, T. (2007). Intelligence and socioeconomic success: A metaanalytic review of longitudinal research. *Intelligence, 35*, 401–426.

Süddeutsche Zeitung Magazin (2009). http://sz-magazin.sueddeutsche.de/texte/anzeigen/27993

Terman, L. M. (Ed.) (1925 ff.). *Genetic studies of genius* (Vol. I–V). Stanford: Stanford University Press.

Threlfall, J. & Hargreaves, M. (2008). The problem-solving methods of mathematically gifted and older average-attaining students. *High Ability Studies, 19*, 83–98.

Turkheimer, E., Haley, A., Waldron, M., D'Onofrio, B. & Gottesman, I. I. (2003). Socioeconomic status modifies heritability of IQ in young children. *Psychological Science, 14*, 623–628.

VanTassel-Baska, J. (2003). What matters in curriculum for gifted learners: Reflections on theory, research, and practice. In N. Colangelo & G. A. Davis (Eds.), *Handbook of gifted education* (3rd ed., pp. 174–183). Boston: Allyn and Bacon.

VanTassel-Baska, J., Feng, A. & Evans, B. (2007). Patterns of identification and performance among gifted students identified through performance tasks: A three-year analysis. *Gifted Child Quarterly, 51*, 218–231.

Vock, M., Köller, O. & Nagy, G. (2012). Vocational interests of intellectually gifted and highly achieving young adults. *British Journal of Educational Psychology*. (Online-Vorabveröffentlichung)

Vock, M., Preckel, F. & Holling, H. (2007). *Förderung Hochbegabter in der Schule. Evaluationsbefunde und Wirksamkeit von Maßnahmen*. Göttingen: Hogrefe.

Webb, J. T., Amend, E. R., Webb, N. E., Goerss, J., Beljan, P. & Olenchak, F. R. (2005). *Misdiagnosis and dual diagnoses of gifted children and adults*. Scottsdale: Great Potentials Press.

Webb, R. M., Lubinski, D. & Benbow, C. P. (2007). Spatial ability: A neglected dimension in talent searches for intellectually precocious youth. *Journal of Educational Psychology, 99*, 397–420.

Winebrenner, S. (2001). *Teaching gifted kids in the regular classroom* (rev. ed.). Minneapolis: Free Spirit.

Wirthwein, L. & Rost, D. H. (2011). Focussing on overexcitabilities: Studies with intellectually gifted and academically talented adults. *Personality and Individual Differences, 51*, 337–342.

Zeidner, M. & Shani-Zinovich, I. (2011). Do academically gifted and nongifted students differ on the big-five and adaptive status? Some recent data and conclusions. *Personality and Individual Differences, 51*, 566–570.

Ziegler, A. (2005). The Actiotope Model of Giftedness. In R. J. Sternberg & J. E. Davidson (Eds.), *Conceptions of giftedness* (2nd ed., pp. 411–434). Cambridge: Cambridge University Press.

其他德语文献

Alvarez, C. (2007). Hochbegabung: Tipps für den Umgang mit fast normalen Kindern. München: Deutscher Taschenbuch Verlag.
Arnold, D. & Preckel, F. (2011). Hochbegabte Kinder klug begleiten: Ein Handbuch für Eltern. Weinheim: Beltz.
Heinbokel, A. (2009). Handbuch Akzeleration. Münster: LIT.
Heller, K. & Ziegler, A. (Hrsg.) (2007). Begabt sein in Deutschland. Münster: LIT.
Koop, C., Schenker, I., Müller, G., Welzien, S. & Karg-Stiftung (Hrsg.) (2010). Begabung wagen. Ein Handbuch für den Umgang mit Hochbegabung in Kindertagesstätten. Weimar: das netz.
Preckel, F., Schneider, W. & Holling, H. (Hrsg.) (2010). Diagnostik von Hochbegabung. Tests und Trends: Jahrbuch der pädagogisch-psychologischen Diagnostik – N. F. Bd. 8. Göttingen: Hogrefe.
Preckel, F. & Vock, M. (2013). Hochbegabung. Ein Lehrbuch zu Grundlagen, Diagnostik und Fördermöglichkeiten. Göttingen: Hogrefe.
Rohrmann, S. & Rohrmann, T. (2010). Hochbegabte Kinder und Jugendliche. Diagnostik – Förderung – Beratung (2., vollst. überarb. Aufl.). München: Ernst Reinhardt Verlag.
Rost, D. H. (Hrsg.) (1993). Lebensumweltanalyse hochbegabter Grundschulkinder. Das Marburger Hochbegabtenprojekt. Göttingen: Hogrefe.
Rost, D. H. (Hrsg.) (2009). Hochbegabte und hochleistende Jugendliche (2., erw. Aufl.). Münster: Waxmann.
Stapf, A. (2010). Hochbegabte Kinder (5. akt. Aufl.). München: C.H.Beck.
Steenbuck, O., Quitmann, H. & Esser, P. (Hrsg.) (2011). Inklusive Begabtenförderung in der Grundschule. Weinheim: Beltz.
Stumpf, E. (2011). Fördern bei Hochbegabung. Stuttgart: Kohlhammer.
Vock, M., Preckel, F. & Holling, H. (2007). Förderung Hochbegabter in der Schule: Evaluationsbefunde und Wirksamkeit von Maßnahmen. Göttingen: Hogrefe.
Wittmann, A. J. & Holling, H. (2001). Hochbegabtenberatung in der Praxis. Ein Leitfaden für Psychologen, Lehrer und ehrenamtliche Berater. Göttingen: Hogrefe.

专业门户网站

教育与人才

www.bildung-und-begabung.de/www.begabungslotse.de.

教育与人才，德国人才培养中心。主要资助人包括德国联邦教育与科技部以及德国科学捐赠者联合会，资助方式有信息咨询、专业研讨和全德天才与天才培养者资助项目。中心旨在支持联邦和各州的天才儿童培养计划，致力于让每个人都能有机会以自己的天赋为基础得到最好的发展，不受家庭出身或者背景的影响。德国总统担任中心名誉主任。通过"Begabungslotse"（人才领航网）这个信息门户网站，教育与人才研究中心为父母、教师和学生提供了一个关于天才儿童培养和人才成长计划的大型在线门户网站。

卡尔克（Karg）基金会

www.karg-stiftung.de/www.fachportal-hochbegabung.de.

卡尔克基金会由企业家汉斯-格奥尔格·卡尔克（Hans-Georg Karg）及其妻子阿德尔海德（Adelheid）成立，通过提供信息和教师培训，协助幼儿园、学校和咨询部门开展天才儿童培养工作。卡尔克天才儿童专业门户网站致力于提供关于天才的基础知识和了解天才所需要的知识，例如，咨询点数据库、各州天才儿童培养活动概况和培训，天才儿童博客也是了解相关知识的渠道之一。